Wilhelm Roux' Archiv für Entwicklungsmechanik der Organismen

steht offen jeder Art von exakten Forschungen über Ursachen und Bedingungen der organischen Gestalten.

Arbeiten, welche einen Vermerk des Autors »Kurze Mitteilung« tragen, werden so bald als möglich außerhalb der Reihenfolge des Eingangs abgedruckt. Ihr Umfang darf 4 Druckseiten nicht überschreiten; die Beigabe von Abbildungen ist nur in Ausnahmefällen angängig.

Das Archiv erscheint zur Ermöglichung raschester Veröffentlichung zwanglos in einzeln berechneten Heften; mit etwa 50 Bogen wird ein Band abgeschlossen.

Das Honorar beträgt RM 40.— für den 16 seitigen Druckbogen; »Kurze Mitteilungen« werden nicht honoriert.

Die Mitarbeiter erhalten von ihren Arbeiten, welche nicht mehr als 24 Druckseiten Umfang haben, 100 Sonderabdrucke, von größeren Arbeiten 60 Sonderabdrucke unentgeltlich. Doch bittet die Verlagsbuchhandlung, nur die zur tatsächlichen Verwendung benötigten Exemplare zu bestellen. Über die Freiexemplarzahl hinaus bestellte Exemplare werden berechnet. Die Mitarbeiter werden jedoch in ihrem eigenen Interesse dringend ersucht, die Kosten vorher vom Verlage zu erfragen.

Die Herren Autoren werden gebeten, den Text ihrer Arbeiten so kurz zu fassen, wie es irgend möglich ist und sich in den Abbildungen auf das wirklich Notwendige zu beschränken. Zugleich wird ersucht, auf bereits in früheren leicht zugänglichen Abhandlungen befindliche Literaturverzeichnisse zu verweisen und nur die neuere Literatur genau anzugeben.

Alle Manuskripte und Anfragen sind zu richten an:

Professor Dr. W. Vogt, München, Nibelungenstr. 89

oder an:

Professor Dr. B. Romeis, München, Ferdinand-Miller-Platz 3.

Die Herausgeber:

H. Spemann.   W. Vogt.   B. Romeis.

Verlagsbuchhandlung Julius Springer in Berlin W 9, Linkstr. 23/24.
Fernsprecher: Sammel-Nrn. Kurfürst 6050 u. 6326. Drahtanschrift: Springerbuch-Berlin.
Reichsbank-Giro-Konto und Deutsche Bank, Berlin, Dep.-Kasse C.

ISBN 978-3-662-40503-1

ISBN 978-3-662-40980-0 (eBook)

DOI 10.1007/978-3-662-40980-0

(Aus dem Anatomischen Institut der Universität Würzburg.
Vorstand: Prof. Dr. PETERSEN.)

UNTERSUCHUNGEN AM HÜHNCHEN.
DIE ENTWICKLUNG DES KEIMS WÄHREND DER ERSTEN BEIDEN BRUTTAGE.

Von

ROBERT WETZEL.

Mit 127 Textabbildungen.

Inhaltsübersicht.

Wege und Ziele der Untersuchung.

Wirkliche Formgeschichte. Die Entwicklung eines Lebewesens äußert sich als Formänderung und ist, wie jede Änderung, begreifbar als Reihe zeitlich aufeinander folgender, einzelner Zustandsbilder. Eine Anzahl von Formbildern, die ein Keim zu verschiedenen Zeiten seines Lebens zeigt, beschreibt somit, dem Alter nach zu einer Reihe geordnet, seine Entwicklungsgeschichte.

Wir wissen, daß Keime derselben Art zur selben Entwicklungszeit fast gleiche Formbilder aufweisen, und untersuchen deshalb den einzelnen Keim nur als Beispiel für alle Vertreter seiner Art. Wie aber erwachsene, artgleiche Einzelwesen sich nie ganz gleichen, so gibt es auch Unterschiede in der Form und Zeit des Entwicklungsverlaufs, die gering sind, aber immerhin so groß, daß erst der Vergleich vieler Einzelbeobachtungen das allgemein für die Art Gültige herausheben kann.

Der Weg zur Erforschung der idealen Entwicklungsgeschichte „der Art" ist deshalb die Beobachtung der realen Formänderungen an möglichst vielen Keimen und die Feststellung der Grenzen, innerhalb deren der Formänderungsablauf bei allen diesen Keimen oder doch bei den allermeisten gleich ist. Der nächstliegende Untersuchungsgegenstand ist damit immer wieder die *Formgeschichte eines einzelnen Keims* als der allein in der Natur wirkliche Entwicklungsvorgang.

Formenreihe. Diese individuelle Formgeschichte ist der Beobachtung nicht zugänglich, wenn Keime in dichten Hüllen oder im Uterus liegen, wenn die Innenform durch Zerlegung in Organe oder in Schnittreihen untersucht werden soll — kurz immer, wenn die Beobachtung den Tod des Keims zur Folge hat oder voraussetzt. Jeder Keim liefert uns dann nur *ein* Formbild, und die vorhergehenden und folgenden müssen wir, statt sie unmittelbar zu beobachten, erschließen. Die Möglichkeit dazu gibt die erwähnte Erfahrung, daß gleichaltrige Keime ungefähr gleich geformt sind; eine Entwicklungsreihe kann deshalb auch aus den jeweils einzigen Bildern verschiedenzeitig fixierter Keime zusammengesetzt werden. Weitaus der größte Teil unserer heutigen entwicklungsgeschichtlichen Kenntnisse beruht auf solchen konstruierten *Formenreihen,* die unter Umgehung der wirklichen Formgeschichte einzelner Keime unmittelbar die allgemein in einer Art gebräuchliche feststellen sollen.

Kritik der Formenreihe. Der Schritt von der Einzelentwicklungsreihe zur Formenreihe scheint nicht groß zu sein und bedeutet doch den grundlegenden Gegensatz von unmittelbarer Beobachtung und bedingter Schlußfolgerung. Dieser Gegensatz ist keineswegs nur theoretisch. Jede Entwicklungsreihe müßte als gewissermaßen kinematographische Darstellung einer Veränderung um so genauer werden, je dichter die Reihenglieder aufeinander folgen. Die Einzelentwicklungsreihe hängt tatsächlich in solchem Grade ihrer Dichte und Genauigkeit nur von den äußeren Bedingungen der Untersuchung ab. Die Gültigkeit eines Schlusses aus der Formenreihe dagegen setzt Formgleichheit aller gleichaltrigen Keime einer Art voraus und eben diese Bedingung ist nicht mehr als nur „ungefähr" erfüllt. Die Formenreihe gerät mit zunehmender Dichte in den Bereich der formalen und zeitlichen Entwicklungsunterschiede zwischen den Keimen, die sie zusammensetzen; sie wird unzuverlässig, wenn der Formenunterschied zwischen zwei Reihengliedern kleiner ist als der mögliche Unterschied zwischen zwei Keimen, die beide so alt sind wie eines der beiden Reihenglieder — der mögliche Fehler in der Zusammensetzung der Reihe ist damit größer als der Unterschied, der festgestellt werden soll.

Diese Schwierigkeit wäre beim Hühnerkeim ganz unerträglich, da
gerade hier die ersten Formen zu Brutzeiten auftreten, die ohne erkennbare Ursachen bei verschiedenen Keimen um viele (bis zu 8) Stunden
verschieden sein können. Hier hilft, nachdem der grobe zeitliche Überblick die allgemeine Richtung der Formbildung hat erkennen lassen, die
Ordnung der Reihe nicht mehr nach der Zeit, sondern nach dem Ausbildungszustand irgend *einer* Form, etwa des Primitivstreifens (Länge),
des Nervenrohres (Gestaltung), der Urwirbel (Zahl). In diesem Fall erreicht die Formenreihe die Grenze ihrer Gültigkeit später. Wir kommen
aber nun in eine andere Verlegenheit, die darauf beruht, daß nicht nur
verschiedene Keime im ganzen sich schneller oder langsamer (zu verschiedener absoluter Größe!) entwickeln, sondern auch die einzelnen Teile
eines Keims. Jetzt wird die Reihe „zu dicht" und unzuverlässig, wenn
die ununterbrochene Folge der Form, die sie darstellen soll, nur für das
eine Merkmal gilt, nach dem sie zusammengestellt wurde, und nicht auch
für andere oder gar alle wichtigen Formteile. Die Reihe müßte dann ganz
verschieden ausfallen, je nach dem Merkmal, das willkürlich als maßgebend angenommen wurde. Soll dieser Fehler vermieden werden, so
müssen die Reihenglieder so weit stehen, daß wenigstens alle wichtigeren
Merkmale gleichsinnig verändert erscheinen — und dies bedeutet meistens
den Verzicht auf größere Dichte und Genauigkeit.

Durchschnittsreihe. Ein Ausweg ist auch hier der Vergleich einer so *großen
Anzahl* von Einzelbildern, daß für jeden Abschnitt einer nach irgend-
einem Merkmal „richtigen", aber nach anderen „zu dicht" gestellten Formenreihe ein Formdurchschnitt ermittelt werden kann. Eine solche
Reihe der Durchschnitte wird mit ziemlicher Genauigkeit die ganze
Formänderung erkennen lassen. Völlig aufgesogen ist aber in ihr die
Zuordnung bestimmter Merkmale eines Formbildes zu bestimmten anderen. Dies gilt ebenso und noch viel mehr wie für die Teile *eines* Formbildes für die Zuordnung verschiedener Bilder *zueinander*, ihre Aufeinanderfolge, den Formänderungs*vorgang*, dessen individuelle Besonderheit in jeder Formenreihe unwiederbringlich verschwindet. Die Zuordnung von besonderen Formbildern zu bestimmten anderen, die Paralleli-
tät bestimmter Erscheinungen, ist ein Schlüssel für das Verständnis ge-
genseitiger Bedingtheit, ursächlicher Zusammenhänge; die Entwicklungsgeschichte kann deshalb auf eine den Kompromißcharakter und die
Fehlerhaftigkeit der Formenreihe übertreffende Genauigkeit nicht ohne
Not verzichten.

Durchbeobachtung. Sie wird sie auf den gleichen Wegen suchen, die
der Praxis des Alltäglichen selbstverständlich sind. Um das Wachstum
von Gras und Bäumen festzustellen, wird man nicht jeden Tag einige
Halme eines Rasens, jedes Jahr einige Bäumchen einer Kultur abschnei-
den, die Leichen zeitlich ordnen und aus einer Durchschnittsformenreihe

auf Pflanzenwachstum schließen [1]. Man wird sich auch schwerlich damit begnügen, Scharlachfälle nach Krankheitstagen zusammenzustellen und aus einer Durchschnittsreihe der Krankheitsbilder des ersten, zweiten, dritten Tages einen idealen Verlauf der Krankheit zu konstruieren! Ein und dieselben Gräser, ein und dieselben Bäume werden immer wieder gemessen werden, einzelne Kranke durchbeobachtet, solange sie krank sind. Wenn wir damit im einzelnen *wirkliche* Wachstums- oder Krankheitsvorgänge kennen lernen, dürfen wir aus dem Parallelgehen von Besonderheiten des Verlaufs auf ihre Bedingtheit schließen.

So ist es wohl auch auf unserem Gebiet der Entwicklungsgeschichte berechtigt, die Formenreihe nur als Notbehelf anzusehen und, wo es irgend angeht, zu versuchen, in der *Durchbeobachtung einzelner Keime* Stücke des Verlaufs wirklicher Formänderungsvorgänge zu erfassen.

Formgeschichte und Materialgeschichte. Vollends unerläßlich ist dies, wenn wir durch eine *Geschichte des Materials*, der Keim*teile*, die Formgeschichte zu dem ergänzen wollen, was wir überhaupt unter Geschichte zu verstehen pflegen. Das ist nicht nur die Feststellung der „Form", d. h. des Ablaufs der Geschehnisse, etwa der Aufeinanderfolge der Staatsformen, der Gebräuche des Krieges, der Arten zu bauen und zu malen, sondern auch die Ermittlung der Personen oder Völker, deren Taten bis zum heutigen Tag jene Geschehnisse gewesen sind.

Die „persönlichen Träger" der Entwicklungsgeschichte [2] der lebenden Form sind die Teile des Eies, später die Zellen, in die es sich teilt und schließlich Verbände von Zellen. Eine „persönliche", materialbezogene Entwicklungsgeschichte soll nicht nur überhaupt zeigen, wie die Form sich ändert, sondern welche Teile eines bestimmten Formbildes aus welchen Teilen eines vorhergehenden, schließlich des befruchteten Eies, entstanden sind und welche Teile eines folgenden, schließlich des erwachsenen Körpers, sie bilden werden. Materialgeschichte kann nur ermittelt werden, wenn an einem Keim ein bestimmter Teil so bezeichnet ist oder künstlich bezeichnet wird, daß er von einem Bild der Entwicklungsreihe zum nächsten und übernächsten als dasselbe Material wieder erkannt werden kann.

Natürliche Materialbezeichnung. Die natürliche Abgrenzung einer be-

---

[1] Die angeführten Beispiele ließen sich beliebig vermehren. So sind für die Erforschung menschlicher Entwicklung nach der Geburt Massenmessungen in einzelnen Stadien (Schulkinder, Studenten) einer regelmäßig wiederholten Messung einzelner Individuen durchaus nicht gleichwertig.

[2] Der Gegensatz der „Form"- und „Materialgeschichte" ist *das* erkenntniskritische Problem jeglicher Geschichtsforschung und beherrscht die Paläontologie (Faunen- und Stammesgeschichte) so gut wie die Kunst- und überhaupt Kulturgeschichtsschreibung (Kunst und Künstler, Frühgeschichte, Kultur und Rasse!) oder schließlich, um zu einem hier naheliegenden Beispiel zurückzukommen, die Erforschung der Histogenese.

stimmten Form innerhalb andersartiger Körperteile kann schon mit hinreichender Wahrscheinlichkeit diese Materialbezeichnung ergeben. Man wird kaum bezweifeln können, daß z. B. das von Chorda und Mesoderm getrennte oder später nur durch Mesenchym mit beiden verbundene Entoderm nicht nur der Form, sondern auch dem Material nach der Vorläufer des Darmepithels sein muß, wenn auch im einzelnen die Stelle seiner Trennung vom Dottersack oder die der Bildung des Magens oder der Leber noch nicht zu finden ist. Später sind auch diese besonderen Organanlagen *formal abgegrenzt*, und gerade so weit als diese Abgrenzung geht, erlaubt es jede Reihe, innerhalb ihrer Grenzen auch die Formenreihe, die Formen als bestimmtes Material wieder zu erkennen.

Künstliche Materialbezeichnung. Es genügt aber, sich an das Aussehen eines befruchteten Eies, einer Amphibienblastula, eines Vogelkeims mit Primitivstreifen zu erinnern, um darüber klar zu sein, daß eine solche formale, natürliche Abgrenzung auch nur der wichtigsten Organsysteme sich keineswegs bis zum Anfang der Entwicklung zurück verfolgen läßt. Wenn so die natürliche Markierung fehlt, muß im Experiment den Keimteilen ein Stempel aufgedrückt werden. Das Material des abgestempelten Keimteils wird dann schließlich als Teil einer natürlich abgegrenzten Keimform zu bestimmen sein. So wird die Geschichte des Materials bezeichnet, die fertige Form auf die Frühform zurückprojiziert, die prospektive Bedeutung eines Keimbezirkes ermittelt, oder wie die so gewonnene Erkenntnis sonst noch [1] bezeichnet worden sein mag. Und nur eine andere Art der Betrachtung ein und derselben Sache ist es, wenn wir, besonders durch häufig wiederholte Beobachtung, im Schicksal der Marke den *Weg* des Keimbezirks verfolgen, mit VOGT „Gestaltungsbewegung analysieren" oder nach ROUX „Entwicklungsmechanik" treiben in ihrem einen, rein beschreibenden Teile, der „Kinematik" der Entwicklung.

Gegenwärtiger Stand der Entwicklungsforschung am Huhn. Formenreihe. Das Hühnchen, der Gegenstand meiner eigenen Untersuchungen, ist seit KARL ERNST VON BAERS Zeiten in Formenreihen vielfach untersucht worden — nur an die größten zusammenfassenden Schriften, DUVALS Atlas d'Embryologie, KEIBELS Normentafeln, O. HERTWIGS Darstellung im Handbuch, sei hier erinnert. Sie sind der letzte Niederschlag einer Arbeit von Generationen, nicht nur die Keimform in ihrer Änderung kennen zu lernen, sondern auch ihr Flächenbild auf das Schnittbild, die grobe Form auf Zellgruppen zu beziehen. Diese Untersuchungen sind oft bei dem Versuch, darüber hinaus auf die eigentlichen Wachstumsvorgänge und Keimteilbedeutungen zu schließen, in der Sorgfalt der Beobachtung und dem Scharfsinn des Schlusses sehr weit gekommen auf Wegen, die viel

---

[1] Prinzip der Cell-lineage!

schwerer zum Ziel führten als andere, die uns heute offenstehen. Der Mann, den ich hier vor allem in Ehrfurcht nennen möchte, wenn auch nicht der Vogel-, sondern der Säugetierkeim der Gegenstand seiner wichtigsten Untersuchungen war, ist KEIBEL. Spätere Stadien, als sie hier besprochen werden, hat HOLMDAHL neuerdings sehr gründlich, fast rein morphologisch untersucht, während dies für die beiden ersten Bruttage noch nie annähernd so ausführlich geschah, wie eben durch KEIBEL am Schwein.

Durchbeobachtung. Daß gerade Hühnerkeime in den ersten Bruttagen leicht einzeln durchbeobachtet werden können, hat GRÄPER schon 1912 beschrieben. Mit seiner Neutralrotfärbung der ganzen Keime hat er die Genauigkeit solcher Beobachtung erheblich gesteigert; der Film, den er 1926 in Freiburg zeigte [1], bringt wohl die Darstellung der Formgeschichte einzelner Keime methodisch der möglichen Vollendung nahe.

Versuche zur Materialgeschichte. Früher schon wurden am Huhn vereinzelte Versuche gemacht, unserer dritten Seite der Fragestellung durch Markierung und Durchbeobachtung von Teilen einzelner Keime gerecht zu werden. So haben ASSHETON und Fräulein PEEBLES Haare in die Keimscheibe eingesteckt und die Lage der Einsteckstelle durchverfolgt; nach meinen eigenen Erfahrungen können aber solche Haare ebensowohl mitgeführt werden wie auch, im Dotter verankert, als Wellenbrecher den Strom der Gewebe an sich vorüberziehen lassen. So wird darauf nicht näher einzugehen sein, so wenig wie auf die Versuche MITROPHANOWs, der durch Lackieren eines Teils der Eischale bestimmte Keimteile in ihrer Entwicklung hemmen [2] wollte, Versuche, die zwar in Methode und Erfolg wenig bestimmt sind, aber doch einen minder harten Richter verdienen als KOPSCH es gewesen ist. KOPSCH selbst verdanken wir die ersten grundlegenden Beiträge zu einer Bestimmung der Bedeutung früherer Keimformen des Hühnchens. Er markierte schon 1898 Teile von einigen etwa eintägigen Keimen durch elektrische Verbrennung und hat seine Versuche in größerem Umfang wiederholt und revidiert, nachdem 1926 in Freiburg GRÄPER seinen Film gezeigt, ich selber meine vorläufigen eigenen Untersuchungsergebnisse vorgetragen hatte. KOPSCHs Methode ermöglicht es ihm, die durch teilweise Zerstörung markierten Keimteile nach ein bis zwei Tagen weiterer Bebrütung wieder zu erkennen. Die Versuche haben entschieden (was damals noch umstritten war), daß das Primitivstreifenmaterial von kranial her in der Bildung des Embryonalkörpers von der Höhe des Chordavorderendes ab aufgeht, eine Bestätigung der Ansichten unter anderem O. HERTWIGS und vor allem KEIBELs.

---

[1] Und den er offenbar noch seither, wie ich höre, durch Stereofilme übertroffen hat (vorgeführt in Frankfurt 1928).

[2] Versuche wie die von KOLLMANN, die *ganzen* Keime durch Überhitzen zu schädigen, gehören nicht hierher.

KOPSCH ist mit seinen Untersuchungen und überhaupt mit seiner notwendig zum Experiment führenden Fragestellung fast ganz allein geblieben. Die zum Teil schönen Durchschneidungsversuche von PEEBLES und auch HOODLEYS werden als die normalen Entwicklungsvorgänge störende Eingriffe erst mit eigenen Versuchen ähnlicher Art zu besprechen sein. Die zahlreichen neueren amerikanischen Arbeiten beschäftigen sich in Auspflanzversuchen fast ausschließlich mit der Frage der Determination. Von ihnen seien besonders die HOADLEYS genannt, aber ebenfalls erst zusammen mit eigenen Operationsversuchen eingehend besprochen. Der einzige Versuch HOLMDAHLS (im Rahmen seiner großen Arbeit über „primäre und sekundäre Körperentwicklung"), über dessen Ergebnis er sich neuerdings mit GRÄPER auseinandersetzt, wird zu erwähnen sein (unter Bestätigung HOLMDAHLS).

Eigene Untersuchungen. Meine eigenen Untersuchungen veranlaßte 1923 eine Anregung von BRAUS, im Sinn jener neueren amerikanischen Arbeiten mich durch Wegnahme und Verpflanzung von Urwirbeln über ihre prospektive Bedeutung und Potenz zu unterrichten. Nachdem ich so auf das Hühnchen aufmerksam geworden war, mußte die erst gestellte Aufgabe bald der anderen weichen, die sich selbst fortwährend als vordringlich vorstellte: die Untersuchung des Zustandekommens jenes jungen Embryonalkörpers, dessen Bestandteil die Urwirbel sind. In der persönlichen Berührung mit GÖRTTLER und mit VOGT lernte ich dessen Methode der vitalen Farbmarkierung kennen. Die Möglichkeit ihrer Anwendung am Hühnerkeim war bald erwiesen, und so wagte ich den Versuch, mit Hilfe der Markierung Stücke der Materialgeschichte zu ermitteln, wie sie im folgenden beschrieben sind.

Plan der Darstellung. Einleitend wird dabei zuerst die *Formgeschichte*, also die Änderung der Flächenform des Keims und der Form seiner Schnittbilder, kurz dargestellt und dabei versucht werden, eine möglichst scharfe Grenze zu finden zwischen den Formen, deren natürliche Abgegrenztheit es erlaubt, ihr Material ohne weiteres in seiner Bestimmung zu verfolgen und den früheren Bildungen, die dazu eigens gestempelt werden müssen. Manche Fragen, die die Formenreihenuntersuchung unbeantwortet lassen muß, werden sich mit der Durchbeobachtung einzelner Keime entscheiden lassen, wiewohl ich mich dabei auf das Wesentliche beschränken und im übrigen GRÄPER das Wort lassen möchte; seine Bilderreihen haben für eine gründliche und vor allem zahlenmäßige Darstellung der Formgeschichte des Hühnchens mehr zu sagen als meine Durchbeobachtungen, die sich nur auf wenige Maße beziehen. Der Versuch, die *Materialgeschichte* jener früheren Formen aufzuzeigen, bleibt den Farbmarkierungen vorbehalten, deren Beschreibung den zweiten und hauptsächlichen Teil dieser Schrift bildet.

13*

I. Teil: Formgeschichte des Hühnerkeims während der beiden ersten Bruttage.

A. Flächenbild und Schnittbild (in Formenreihen).

Übersetzung des Flächenbildes in das Schnittbild. Die auffallendsten Flächenbilder sollen kurz beschrieben und mit ihren Querschnittsbildern verglichen werden. Die Flächenform wird damit „übersetzt", auf ihre Zusammensetzung aus Zellen zurückgeführt und in diesem beschreibend formalen Sinn „verstanden". Die große Zeit der beschreibenden und vergleichenden Entwicklungsforschung hat diese Übersetzung weitgehend geliefert; sie hier noch einmal zu geben, bedeutet deshalb großenteils Wiederholung. Trotzdem kann ich auf eine kurze Darstellung nicht verzichten, da gerade das Hühnchen erstaunlicherweise gar nicht so erschöpfend bearbeitet ist. So bleibt mir doch einiges zu sagen übrig, was ich noch nirgends lesen konnte und was mir wichtig scheint.

Lebend und fixiert. Wenn die Übersetzung genau sein soll, so müssen *dieselben* Keime, die ein Flächenbild liefern, nachher geschnitten werden. Deshalb ist es nicht zu vermeiden, daß einer solchen Untersuchung nicht nur in bezug auf die Schnittbilder, sondern auch auf die Flächenformen eine Formenreihe zugrunde liegt. Im übrigen aber gilt es ziemlich gleich, ob die allgemeine Beschreibung einer einzelnen Flächenform sich auf das Bild des lebenden oder des fixierten Keims stützt — im wesentlichen unterscheiden sich die beiden Bilder nicht. So geht die folgende Darstellung nicht ausschließlich auf die Untersuchung der bestimmten und fixierten Glieder jener Formenreihe zurück, sondern auch auf die Erinnerung an die zahlreichen lebenden Keime, deren Entwicklung ich mehr oder weniger lange mit angesehen habe. Es sind denn auch nicht die „Originale" der Formenreihe abgebildet, d. h. die Photographien der fixierten, später geschnittenen Keime, sondern Skizzen, die ich nach in der Schale lebenden Keimen gleicher Form gezeichnet habe. Dazu wurden Keime ausgewählt, die (nach meiner Ansicht) charakteristische Formen aufwiesen (Entodermhof, Scheibe, siehe unten!), auch wenn diese Formen nicht regelmäßig so zu sehen sind.

Die beiderlei Flächenbilder müssen allerdings der Schrumpfung wegen streng geschieden werden, wenn es sich um die Feststellung genauer Maße und Verhältnisse handelt. Die Keime wurden in Susa fixiert, in 90%igem Alkohol ausgewaschen und gehärtet und nach 4—6 Tagen über 96%igen und absoluten Alkohol in Chloroform-Cedernöl überführt. Über die danach meßbare Schrumpfung geben die folgenden Zahlen Auskunft; sie sind an sechs Keimen gewonnen, die vor der Fixierung lebend im Ei und zum zweitenmal in Chloroform-Cedernöl photographiert wurden.

Die Zahlen geben an, *wieviel Prozent* der Maße des lebenden Keims die des fixierten noch betrugen.

Maße der fixierten Keime (im Chloroform-Cedernöl) in Prozenten der lebenden:

	1.	2.	3.	4.	5.	6. Keim
Keimlänge von der Vorderhirnspitze bis zum Keimfeldhinterrand	77	76	76	74	76	76
Embryonalkörperlänge von der Vorderhirnspitze bis zum vorderen Rand des Primitivknotens	78	86	78	75	76	77
Primitivstreifenlänge vom Primitivknoten bis zum Keimfeldhinterrand	76	74	70	70	76	75

Die gesamte Schrumpfung ist erheblich, rund ein Viertel; der Primitivstreifen ist daran immer etwas stärker beteiligt.

Ein Blick auf die Zahlen genügt, um uns für Messungen — auch abgesehen von allen anderen Gründen — auf die Beobachtung des lebenden Keims zu verweisen; ihr ist die Untersuchung des fixierten Präparats eben nur für eine Beschreibung des Wesentlichen der Form gleichwertig. Deshalb beziehen sich auch die wenigen absoluten Maße, die als allgemeiner Anhalt schon in diesem Abschnitt gegeben sind, stets auf den lebenden Keim.

Material der Formenreihe. Die Formenreihe besteht aus über 60 fixierten und geschnittenen Keimen, die nach der Ausbildung des Primitivstreifens, später des Neuralorgans, geordnet wurden, ohne daß sich dabei wesentliche Überschneidungen mit anderen Teilen des Flächenbildes ergaben. Die Keime wurden in der angegebenen Weise behandelt, in Cedernöl photographiert, in 56° Paraffin eingebettet und in $7^{1}/_{2}\,\mu$ dicke Querschnitte zerlegt. Zur Erleichterung des Überblicks wurde von 25 Serien etwa jeder 20. Schnitt photographiert und damit aus den Bildern eine abgekürzte Serie zusammengestellt. Außerdem habe ich 16 solche Keime graphisch rekonstruiert als Flächenbild (Mesoderm, Primitivstreifen) und als medianes Längsschnittbild (Ektoderm, Primitivstreifen, Entoderm); dabei wurde jeder fünfte (in einigen Serien jeder vierte) Schnitt gemessen. Die Rekonstruktion ist insofern schematisch, als — mangels einer Richtlinie — die Maße ohne Rücksicht auf mögliche Asymmetrie stets nach beiden Seiten gleich abgetragen wurden (d. h. bei Differenz das Mittel). Außerdem ist, ebenfalls schematisch, die untere Grenze des Entoderms bzw. Urdarmdaches als gerade Linie angenommen, da auch ihre absolute Lage ohne Richtlinien nicht zu ersehen und außerdem hier ohne Belang gewesen wäre.

Selbstverständlich kann dies alles nur einer kurz zusammenfassenden Darstellung als Unterlage dienen.

Erwähnt sei noch vorgreifend, daß die benützte Formenreihe der

Zahl der Keime nach nicht ausreicht, um eine Norm der Querschnittsentwicklung zu geben; die Reihe der Entwicklung des Schnittbildes
überkreuzt sich mit der des Flächenbildes, deren Dichte andererseits das
Mindestmaß für die Möglichkeit fortlaufender Beschreibung bedeutet.

Numerierung der Schnitte. Zur leichteren Orientierung sind die Schnitte
numeriert. Der erste Schnitt, auf dem das vordere freie Mesoderm oder
die Chordaanlage vom Boden des Neuralorgans vollständig (wenn auch
nur durch einen Spalt oder eine Linie zwischen zwei durchgehenden
Zellreihen) getrennt erscheint, ist mit + 1 bezeichnet, der nach hinten folgende, auf dem zum erstenmal Zellen des Ektoderms und des Mesoderms
so zusammenhängen, daß sie zum einen wie zum anderen gerechnet werden können, kurz der erste Primitivstreifenschnitt, als — 1 (näheres siehe
unten!).

Trübung. Die Bezeichnung von „Trübungen" im Flächenbild, die im
Gegensatz zu den durchsichtigen Stellen durch Dotter oder Zellanhäufungen gebildet werden, gilt ebenso, wenn sie im auffallenden Licht am
ungefärbten, lebenden Keim dicht weiß oder am neutralrot gefärbten
stark rot, wie wenn sie im durchfallenden Licht am fixierten Keim dunkel
erscheinen.

Flächenbild vor dem Erscheinen des Primitivstreifens. Abb. 1.[1] Die
Dotterkugel eines nicht oder nur kurz bebrüteten Eies zeigt an ihrer
Oberseite ein ungefähr kreisrundes, durchsichtiges Feld von $1^3/_4$ bis $2^1/_2$ mm Durchmesser, das von einem trüben Hof umgeben ist. Nur das Schicksal des inneren Feldes, des eigentlichen *Keimfeldes*[2], soll uns hier beschäftigen. Die Keimfeldgrenze bildet der besonders stark „trübe" innerste Ring seiner äußeren Umgebung, der Keimwall. Der Wall ist oft nicht im ganzen Umkreis gleich breit; die stärkere Seite ist in diesen Fällen meist die rechte, wenn in meiner Operationsschale der stumpfe

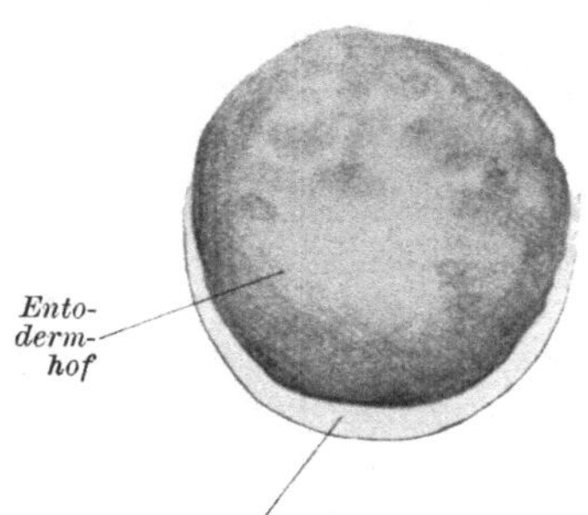

Abb. 1. Keimfeld mit Keimwall vor dem Erscheinen des Primitivstreifens, lebend, ungefärbt im auffallenden Licht. 14× vergr.

Pol des Eies dem Beschauer zu, der spitze von ihm weg gekehrt ist. Die
Keimfeldgrenze ist undeutlicher an den Stellen, wo der Keimwall weniger

---

[1] Alle Flächenbilder und Schemata des I. und II. Teils habe ich selbst nach
den lebenden Keimen gezeichnet. Die Photographien der Schnittbilder können
sämtlich durch eine Leselupe vergrößert betrachtet werden.

[2] Das Wort Keimfeld soll nur bedeuten, daß in ihm der Keim im engeren
Sinne, der Embryo, sichtbar wird. In einem weiteren Sinne gehört zum Keim der
trübe Fruchthof ebenso wie der durchsichtige.

breit hervortritt. Innerhalb des Keimfeldes sind nur unregelmäßige, allerdings meist ungefähr zentral gelegene Trübungen zu sehen, über deren Bedeutung — mit Ausnahme des durchschimmernden PANDERschen Kerns von weißem Dotter — das Flächenbild nichts entscheiden läßt.

Schnittbild vor dem Erscheinen des Primitivstreifens. Im Schnittbild sehen wir die Fläche eines solchen „formlosen" Keimfeldes aus einer äußeren und inneren Lage von Zellen bestehen, einem einschichtig zylindrischen Ektoderm [1] und einem weniger regelmäßigen Entoderm. Die Blätter sind durch einen Spalt getrennt und hängen beide mit dem mehrschichtigen dickeren Keimwall zusammen. Während sich im Bereich des Keimfeldes zwischen Entoderm und Dotter eine Verflüssigungszone, die subgerminale Höhle, oder, wie ich sie lieber nenne, *Dotterhöhle*, ausbreitet, liegt der Keimwall zu seinem größeren Teil dem Dotter auf und wird eben dadurch, wie auch durch seine Dicke, „opak", trüb.

Im einzelnen besteht der *Keimwall* aus einer dicken Schicht von Zellen, die in (im Präparat locker erscheinendem) vielleicht synzytialem Verbande stehen und viel Dottermaterial zwischen sich einschließen.

Der Wall hängt mit dem freien Ektoderm und Entoderm zusammen, mit dem Entoderm aber nur auf jener, meistens rechten, Seite, die schon im Aufsichtsbild deutlicher erschien und sich im Schnittbild dicker zeigt. Das Entoderm hört auf der gegenüberliegenden Seite mit unregelmäßigem Rande frei auf. Es ist in seinen seitlichen Teilen einschichtig, in der Keimfeldmitte aber oft unregelmäßig mehrschichtig, dicker, stärker mit Dotter beladen in einem Bezirk, der etwas exzentrisch von der Stelle des dicksten Keimwalls abliegt. Das *Ektoderm* zeigt eine zentrale, allmählich nach den Seiten auslaufende Verdickung; die Unterfläche ist glatt bis auf Zellen, die unregelmäßig aus ihr hervorragen und mit wenigen anderen zusammenhängen, die zwischen beiden Keimblättern liegen. Die Ektodermverdickung ist als Embryonalschild (KOLLER, NOVAK), die des Entoderms als Entodermhof (SCHAUINSLAND) beschrieben. Im Gegensatz zu NOVAK muß ich dem *Entodermhof* [2] und auch den sonstigen unregelmäßigen Verdickungen des Entoderms die größere

---

[1] KEIBEL möchte vor der endgültigen Trennung der drei Keimblätter voneinander nicht von Ektoderm und Entoderm reden, da man sonst z. B. in unserem Fall das spätere Mesoderm unter das „Ektoderm" mit einbegreife. Dementgegen können diese Bezeichnungen auch rein beschreibend genommen werden; sie sollen gar keine Herkunfts- und Materialbestimmung geben, so wenig wie „Urmund" oder „Primitivstreifen". Später, wenn die Trennung eingetreten ist, wissen wir auch schon näher, was aus dem Material wird und reden eben dann nicht mehr von Ektoderm, sondern von Neuralektoderm und Hautektoderm usw.

[2] Der „Entodermhof" ist BONNETS „Ergänzungsplatte". Ich ziehe den Namen Entodermhof vor, da „Ergänzungs"platte schon Gedanken an die prospektive Bedeutung des Materials in sich begreift, die sich nicht zu bestätigen scheinen, weder nach der Formenreihe noch nach den späteren Versuchen.

Wichtigkeit für das Zustandekommen von Trübungen im Flächenbilde zuschreiben.

Dorsal und ventral. Schon in diesem jüngsten Zustand zeigt das Entoderm in seiner Lage die Beziehung zum Dotter, zur Nahrungsaufnahme. Damit ist schon am formlosen Keimfeld die ventrale Seite des Entoderms und Dotters gegenüber der dorsalen[1] des nach außen abschließenden Ektoderms festgelegt.

Flächenbild von Keimen mit kurzen Primitivstreifen. Abb. 2, 5—7. Eine erste feste Form und seine bleibende Richtung zeigt ein Keim, wenn nach etwa 8 Brutstunden der *Primitivstreifen* erscheint. Er ragt als kurze, zapfenförmige Trübung radiär vom Rand aus in das Keimfeld hinein, das immer noch im großen und ganzen rund und nicht merklich vergrößert ist. Wenn Unterschiede in der Keimwallbreite zu sehen sind, so hängt der *Streifen mit der breitesten* Stelle zusammen. Seine eigene trübste Stelle ist meist die des *freien* Endes im Keimfeld. Bei der genannten Orientierung des Eies liegt der Ort, an dem der Streifen mit dem Keimfeld zusammenhängt, meistens rechts, und zwar weit häufiger etwas rechts vorn als rein rechts[2], wie es der BAERschen Regel entsprechen würde. KOPSCHs Messungen ergaben ein relatives Überwiegen der reinen Rechtslage (34% aller Fälle), allerdings auch ein kleines Überwiegen der Rechtsvorn- gegenüber der Rechtshintenlage (18 gegen 12% aller Fälle). Der spätere Zusammenhang des Streifens mit der breitesten Stelle des Keimwalls erlaubt es in vielen Fällen, im Unterschied der Breite und Dichte des Walls schon vor dem Erscheinen des Streifens eine Voranzeige seiner Richtung zu sehen.

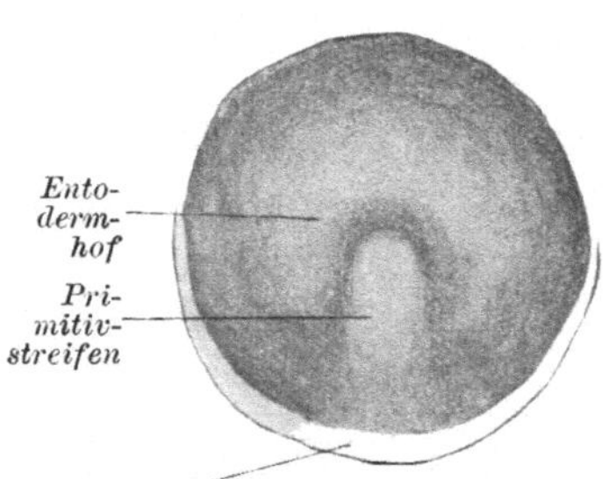

Abb. 2. Rundes Keimfeld mit Keimwall und Primitivstreifen, lebend, ungefärbt im auffallenden Licht. 14× vergr.

Kurze Primitivstreifen ($^1/_5$—$^1/_4$ der Keimfeldlänge) werden seltener angetroffen als solche, die über ein Drittel oder über die Hälfte des Feldes hinweg reichen und in ihrem vorderen Teil schon eine von zwei Falten eingefaßte Rinne zeigen können. Die Entwicklung bis zu diesem Zustand muß also — wie auch die Durchbeobachtungen zeigen — ziemlich rasch ablaufen. Oft sind die ganz kurzen Streifen erst im Schnittbild deutlich zu sehen (Ausführlicheres über diese Stadien bei NOVAK.)

---

[1] Animaler und vegetativer Pol des Eies bezeichnen, im Gegensatz zum Amphibienei, von vornherein auch Dorsal- und Ventralseite.

[2] Ich habe dieses Verhältnis nicht statistisch festgehalten.

An Stelle der ungefähr zentralen Trübung des formlosen Keimfeldes liegt jetzt oft eine entsprechende Trübung wurst- oder sichelförmig in einigem Abstand um das freie Ende des Streifens herum, so wie es SCHAU-INSLAND vom Sperling und vom Staren gezeichnet hat.

Schnittbild von Keimen mit ganz kurzen Primitivstreifen. Abb. 3—11. Das Schnittbild schon der jüngsten Primitivstreifenkeime, die mir zur Verfügung stehen, zeigt als eigentliche Grundlage der Trübung eine begrenzte *Verdickung des Ektoderms.* Das Blatt ist im Bereich dieser Verdickung, des Streifens, *vielschichtig* geworden, seine Unterfläche ist zackig dadurch, daß einzelne Zellen und Zellgruppen nach dem Entoderm zu

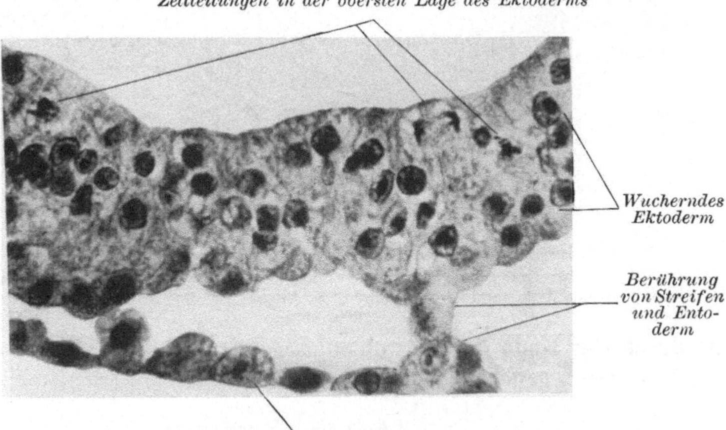

Abb. 3. M. 46, — 21. Querschnitt durch einen ganz kurzen Primitivstreifen (jünger als das Stadium der Abb. 2). Photo. 600× vergr.

hervorragen. Manche Zellen hängen dabei nur lose mit dem Ektoderm zusammen, andere liegen frei zwischen Ektoderm und Entoderm in einer Form, die einen vorhergehenden Zusammenhang mit dem Ektoderm wahrscheinlich macht, soweit er nicht auf benachbarten Schnitten der Serie überhaupt noch besteht. Zellteilungen sind in der Primitivstreifengegend sehr häufig. Ich fand sie, an jungen Streifen fast ausnahmslos, an älteren in der Mehrzahl, in der oberflächlichen Zellschicht (Abb. 3). Die ganzen Befunde sprechen zwingend dafür, daß die Ektodermverdickung des Streifens eine *Wucherung* bedeutet, die neues Material nach ventral zu abspaltet und später zwischen Ektoderm und Entoderm hinein auch nach den Seiten sich ausbreiten läßt. Das unregelmäßige und spärlich verstreute Herausragen einzelner Zellen aus dem seitlichen und vorderen, freien Ektoderm nach ventral ist auch an jungen Primitivstreifenkeimen (Abb. 6 und 7) noch zu beobachten; die Bedeutung dieser Zellen ist unklar. Im Grunde zeigen sie verstreut dasselbe wie der Streifen; die

Wucherungsfähigkeit ist offenbar nicht von Anfang an auf das mediane Ektoderm beschränkt. Die räumliche Begrenzung des Primitivstreifens

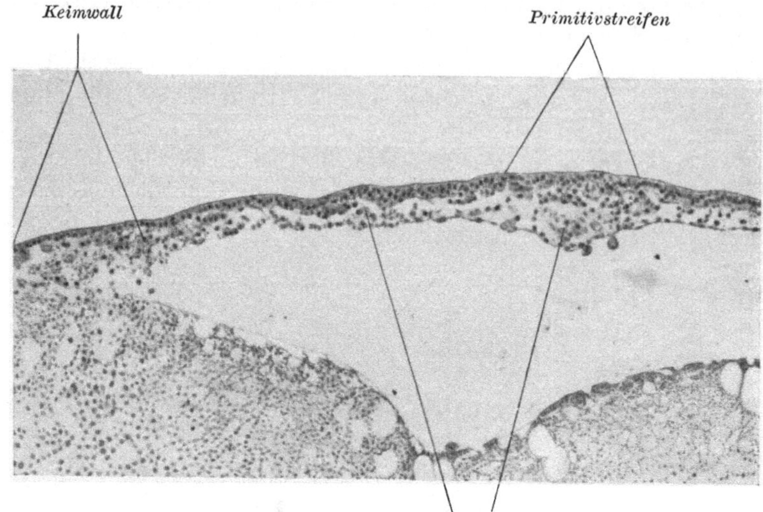

Dotterreiche Zellen (des Keimwalls) zwischen Ektoderm (Streifen) und Entoderm
Abb. 4. M. 44, — 105. Querschnitt durch den hinteren Teil eines kurzen Primitivstreifens. Der Keimwall überragt den Rand der Keimhöhle. Jünger als das Stadium der Abb. 2. Photo. 105× vergr.

ist durch das Ende der zusammenhängenden, axialen Wucherungszone des Ektoderms gegeben.

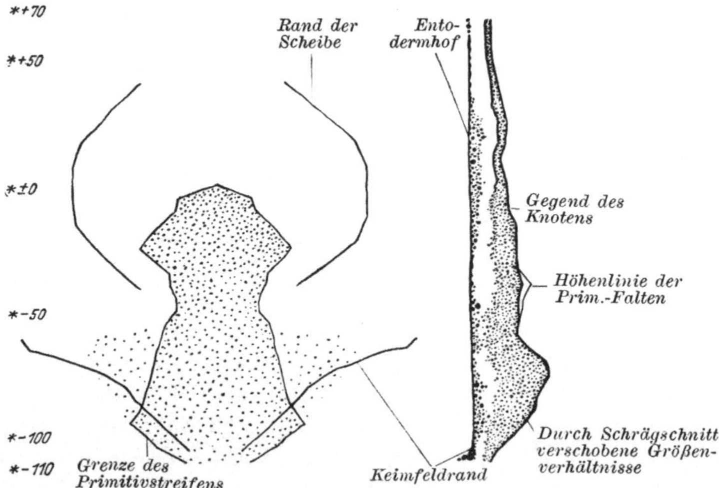

Abb. 5. M 48. Graphische Rekonstruktion eines Keims mit kurzem Primitivstreifen, jünger als das Stadium der Abb. 2. 45× vergr.

Rechts und links, vorn und hinten. Der Primitivstreifen wird schon seit längerer Zeit widerspruchslos als die einzige Quelle des axialen Mesoderms angesehen, des Gewebes, das das *Körperinnere* zu bilden und zu organisieren hat. Seine Richtung ist vom ersten Sichtbarwerden an die der *Längsachse* des Körpers. Das freie Ende des Streifens bezeichnet die spätere *Kopfseite.* So ist mit der Bildung des Streifens zu der vorher gegebenen Bestimmung von dorsal und ventral auch rechts und links, kranial („*vorn*") und kaudal („*hinten*") festgelegt worden.

Der verschiedenen Dichte des Streifens im Aufsichtsbild entspricht manchmal schon eine verschiedene Dicke im Schnittbild. Während in dem allerfrühesten Stadium (Abb. 5 und 6) erst wenige Zellen zu sehen

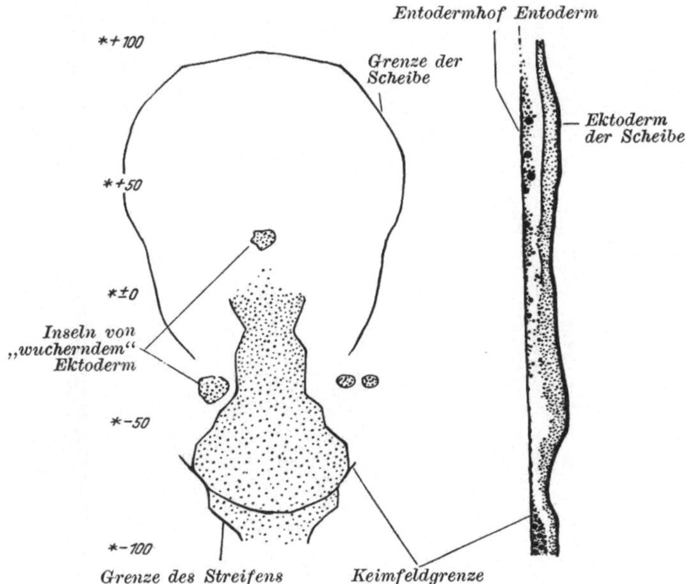

Abb. 6. M 46. Graphische Rekonstruktion eines Keims mit kurzem Primitivstreifen, jünger als das Stadium der Abb. 2. 45× vergr.

sind, die Ektoderm und Entoderm verbinden, ist im Stadium der Abb. 7 sowohl am vordersten Ende des Streifens als auch hinten, kurz vor dem Keimwallrande, eine ziemlich dichte Verschmelzung eingetreten. Dazwischen, im mittleren Drittel des Streifens, liegen nur spärliche Zellen zwischen Streifen und Entoderm.

Regelmäßig ist die Breite der Wucherungszone am Vorderende des Streifens größer als im folgenden vorder-mittleren Teil; in seiner hinteren Hälfte wird der Streifen wieder erheblich breiter, um schließlich als Wucherung den Keimfeldrand hinten wie hinten-seitlich verschieden weit zu überschreiten (rekonstruiert bei HAHN).

Freies *Mesoderm* ist neben ganz jungen Primitivstreifen noch gar nicht, neben etwas deutlicheren (im Stadium der Abb. 7) in Spuren ausgebreitet. Vor allem ist hier schon ein schmaler Saum freien Mesoderms um das Vorderende des Streifens herum ausgebildet.

Das *Entoderm* ist meistens platt einschichtig, aber nicht überall. Wie am formlosen Keimfeld, bestätigt auch hier das Schnittbild SCHAUINS-

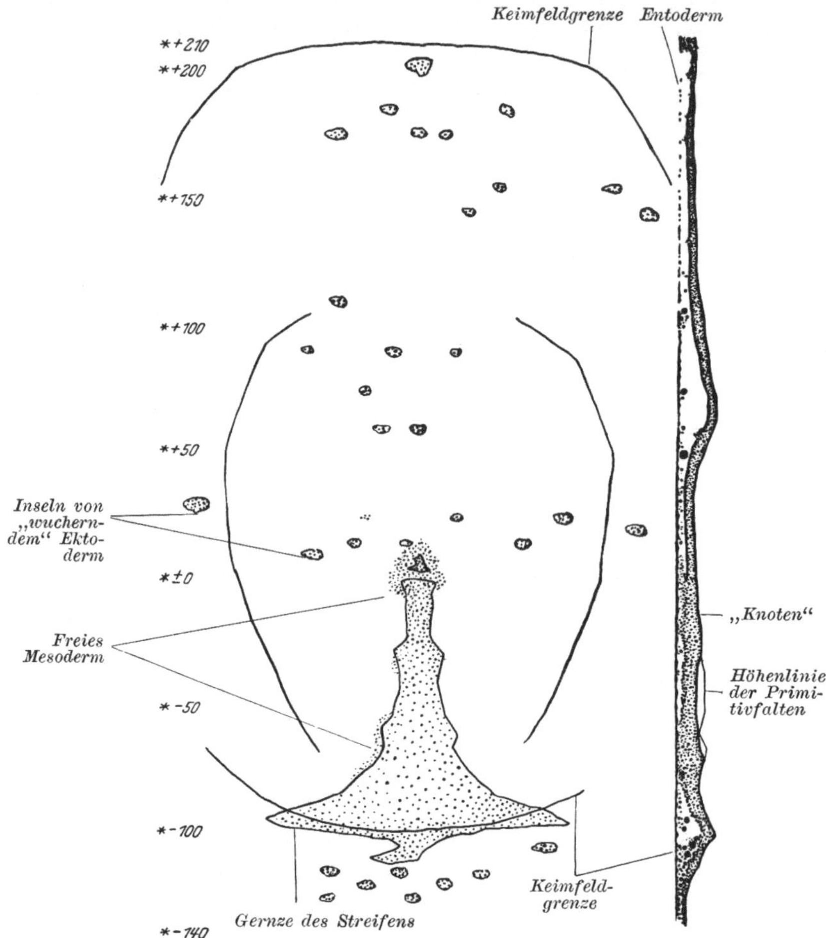

Abb. 7. M 44. Graphische Rekonstruktion eines Keims mit kurzem Primitivstreifen, jünger als das Stadium der Abb. 2. 45× vergr.

LANDS Bezeichnung „Entodermhof" für die in einigem Abstand um das freie Streifenende herum liegende Trübung. Das Entoderm ist, wenn man überhaupt einen „Hof" deutlich sieht (Abb. 5, 6, 8, 9), in dessen Bereich mehrschichtig mit freier Endigung der dorsalen Zellenlage. Auf der Seite des freien Streifenendes hört das Entoderm, in dem sich auch Zellteilungen finden, wie zuvor in erheblichem Abstand vom Keimfeldrand frei auf (Abb. 7, 11). Auf der Seite des Streifens hängt es ebenso wie das Ektoderm mit dem Keimwall zusammen (Abb. 4, 5, 6, 7).

Der innere Rand des Keimwalls (Abb. 4, 10, 11) ist nach wie vor die Grenze des Keimfeldes. Der Keimwall ist noch wenig verändert gegen-

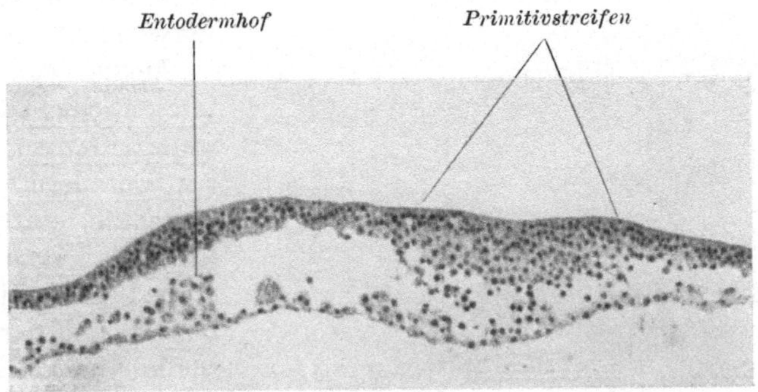

Abb. 8. M 48, — 35. Querschnitt durch den vordersten Teil eines Primitivstreifens, der über das hintere Drittel des runden Keimfeldes reicht. Jünger als das Stadium der Abb. 2. Photo. 105× vergr.

über den jüngeren Keimscheiben. Das Ektoderm läßt sich als regelmäßiges Epithel von den mit ihm verbundenen unregelmäßigeren und dotterreicheren Elementen deutlich unterscheiden. Es ist, wie schon erwähnt in Verlängerung des Primitivstreifens manchmal auch noch im Keim,

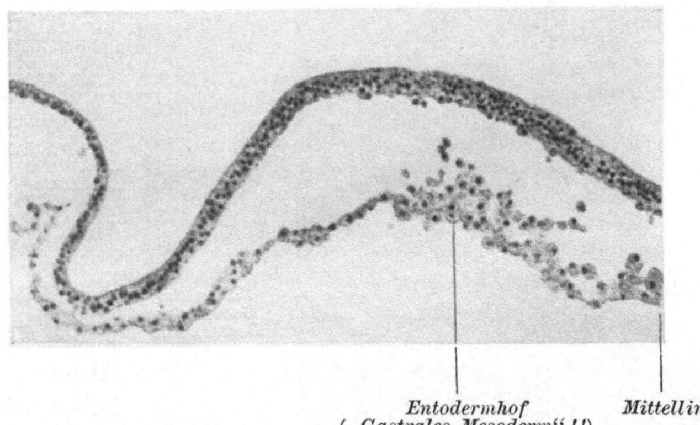

Abb. 9. M 48, +22. Linker Teil eines Querschnitts vor dem Vorderende eines Streifens, der über das hintere Drittel des runden Keimfeldes reicht; Entodermhof. Jünger als das Stadium der Abb. 2. Photo. 105× vergr.

wallgebiet verdickt. Ebenso läßt sich auch das Entoderm noch ein Stück weit im Keimwallgebiet als unterste Schicht unterscheiden. Die Dotterhöhle reicht, vor allem hinten und seitlich, etwas unter den inneren Rand des Keimwalls. Dieser Rand ist dadurch nicht ganz scharf, daß Keimwallzellen in lockerem Gefüge sich noch eine Strecke weit zwischen Ektoderm und Entoderm finden, sowohl hinten, *unter* dem Primitivstreifen,

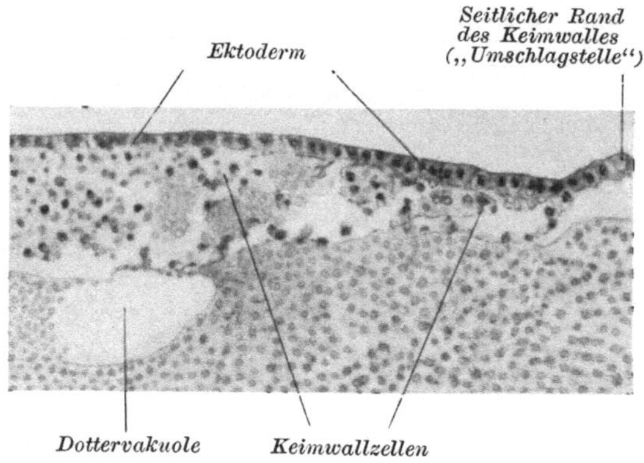

Abb. 10. M. 44, — 114. Äußerer Rand des Keimwalles (Keim mit ganz kurzem Primitivstreifen, hinten). Jünger als das Stadium der Abb. 2. 200× vergr. Kerne überzeichnet.

von seinen Zellen deutlich unterschieden, als auch seitlich, vom Streifen weit entfernt (Abb. 4). Medial von der untersten Schicht des Keimwalls trifft man, getrennt von Entoderm, teils abgegrenzte, einzelne Zellen, teils Kerne in einer synzytialen Schicht [1] auf dem Boden der Dotterhöhle (Abb. 11). Deutlich ist das besonders vorn und vorn seitlich, wo das Entoderm selbst nur

durch spärliche Zellgruppen angedeutet wird und wo der Keimwall bis zu seinem Innenrand dem Dotter aufliegt. Aber auch hinten, wo ein geschlossenes Entoderm aus dem über die Dotterhöhle weg ragenden Keim

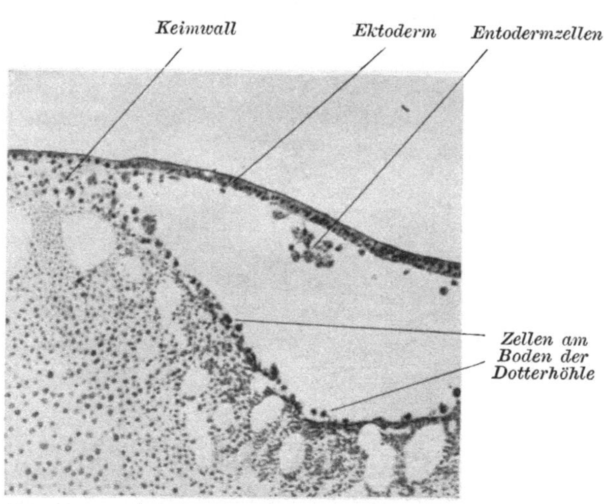

Abb. 11. M 44, + 181. Querschnitt eines Keims mit jungem Streifen vor dem Streifenvorderende, nahe dem vorderen Keimfeldrand. Jünger als das Stadium der Abb. 2. Photo. 105× vergr.

wallrand hervorgeht, ist die Bodenlage zu sehen. Sie ist demnach nicht etwa vorn dem Entoderm homolog.

Schnittbild von Keimen mit etwas längeren Streifen. Abb. 2, 12, 13. An Keimen mit etwas längerem Streifen sind verschiedene Abschnitte deutlicher als an den jüngeren Keimen zu unterscheiden. Ein besonders dicker und breiter vorder

---

[1] Diese Verhältnisse sind hier nur eben berührt; auch die vor allem im Anschluß an die Hıssche Parablasttheorie darüber gemachten Angaben der früheren Literatur können nicht besprochen werden.

ster Teil ist der Primitiv*knoten*; in seinem Bereich ist das Ektomesoderm

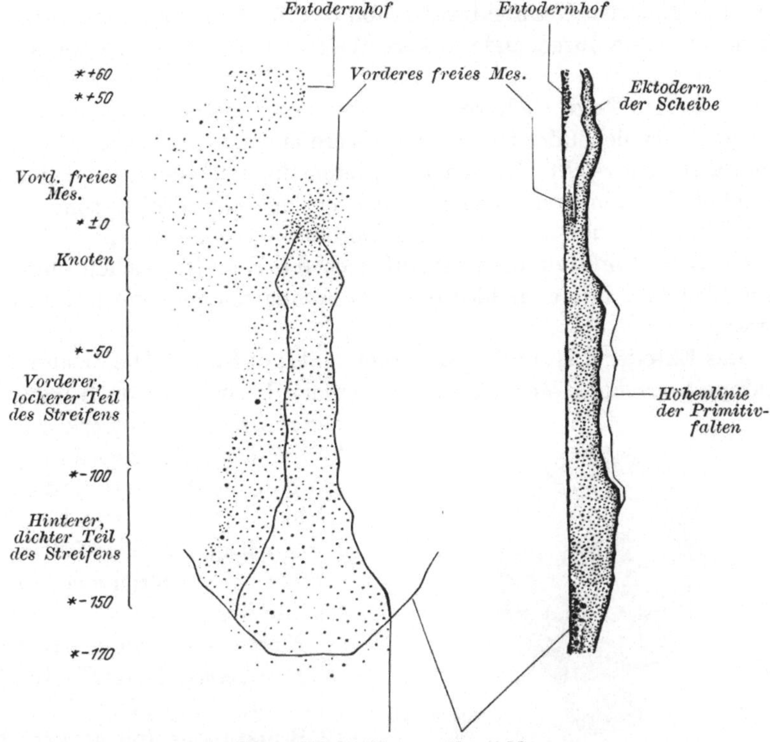

Abb. 12. M 39. Graphische Rekonstruktion eines Keims mit längerem Primitivstreifen und noch rundem Umriß des Feldes, im Stadium der Abb. 2. 45× vergr.

schmaler vorder-mittlerer Streifenteil berührt nur in lockeren Zellsträngen das Entoderm, während ein breites und auch ziemlich dickes hinteres Drittel wieder kurz vor dem Keimwallrand enger mit dem Entoderm verbunden ist (Abb. 12, 13). Die Primitiv*rinne* gehört, von vorn her an Tiefe abnehmend, der vorderen

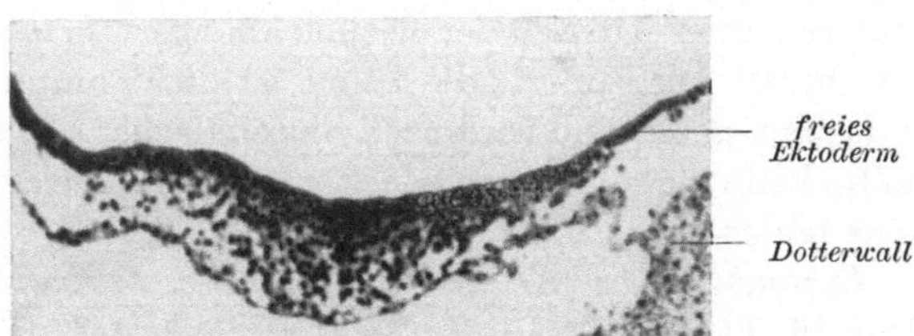

Abb. 13. M 45, −86. Querschnitt durch den hinteren Teil eines Primitivstreifens im Stadium der Abb. 2. Photo. 105× vergr.

Hälfte des Streifens an. Unregelmäßige Ektodermwucherungen außerhalb des Streifens sind nicht mehr zu beobachten.

Freies Mesoderm schließt sich jetzt rings an die Primitivstreifenzone an, ohne aber den Keimfeldrand schon zu erreichen. Das nach vorn vom Primitivknoten ausgehende lockere Mesoderm ist auf dem Längsschnitt als Fortsatz [1] zu sehen. Seine Zellen sind ihrer rundlichen Form und freien axialen Lage nach vom Entodermhof deutlich zu unterscheiden, der jetzt als sichelförmige Entodermverdickung den Höhepunkt seiner Deutlichkeit erreicht. Zwischen vorderem freiem Mesoderm und Entodermhof liegt eine verschieden deutliche „mesodermfreie" Zone, in der sich Ektoderm und einschichtiges Entoderm gegenüberliegen. Seitlich hinter dem Primitivknoten verläuft sich die Entodermsichel, ohne daß ihre Elemente mit dem hier dicht benachbarten Mesoderm vermischt wären.

Das Ektoderm ist in der Mitte dicker als am Rande. Die dickere Ausbildung herrscht in einem etwa kreisrunden Bezirk, der flach nach den Seiten, besonders unmerklich nach hinten ausläuft; er wird in späteren und deutlicheren Stadien die „Scheibe" heißen. Der Primitivknoten liegt vor ihrer Mitte; sie umfaßt die vorderen zwei Drittel des Streifens.

Keime mit hinterer Ausbuchtung des Keimfeldes im Flächenbild. Abb. 14, 15. Nach ungefähr 12 Brutstunden (im ganzen) hat sich das Flächenbild insofern geändert, als das Keimfeld in die Länge gewachsen ist (auf etwa

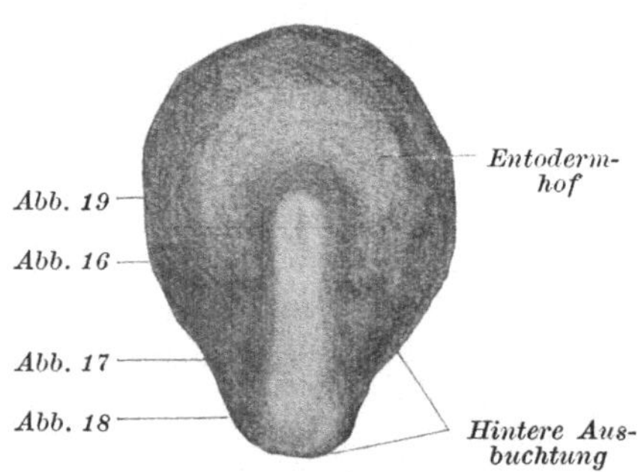

Abb. 14. Keimfeld, kurz nach der Entstehung der hint. Ausbuchtung, mit Primitivstreifen, lebend, ungefärbt im auffallenden Licht. 14× vergr.

2 ¹/₂ mm). Eine schmale, *hintere Ausbuchtung* ist an das bisherige, runde Keimfeld angesetzt, dessen Umriß damit Birnform annimmt. Auch diesen neuen, hinteren Keimfeldteil durchzieht der Primitivstreifen; er erstreckt sich, vom Hinterrand des Feldes gerechnet, jetzt über die hinteren zwei Drittel der Keimfeldlänge. *Primitivknoten* und -rinne sind besser ausgeprägt; die Rinne ist dicht hinter dem Streifenvorderende am tiefsten und wird nach hinten flacher. In der hinteren Streifenhälfte kann sie ein kurzes Stück weit wieder tiefer sein oder auch noch ganz fehlen (Abb. 15).

Schnittbild von Keimen mit hinterer Ausbuchtung des Keimfeldes. Abb. 16, 17, 18, 19; 15. Im Schnittbild treten die schon früher unterscheidbaren Abschnitte des Primitivstreifens wieder deutlich hervor. Das

---

[1] Dieser Fortsatz sowohl als auch die später erscheinende Chordaanlage läuft in der Literatur unter dem Namen Kopffortsatz. Ich möchte diese Bezeichnung überhaupt fallen lassen; näheres siehe Anm. 2, S. 220!

Vorderende ist als Knoten ziemlich breit, dick und dicht ans Entoderm
angeschlossen. Im folgenden Streifenteil ist die Primitivrinne ausgebildet; sie wird gegen die Mitte des Streifens zu flacher (die „Ebene“) und
hört schließlich ganz auf. Die Wucherungszone ist in diesem vorder-mittleren Streifenteil (Abb. 16) nicht sehr breit, aber ziemlich dick; in lockerem Gefüge reichen die Zellen des Streifens bis zum Entoderm. In seiner
hinteren Hälfte (Abb. 17) ist der Streifen jetzt deutlich dünner, aber
breiter und so dicht mit dem Entoderm verbunden, daß es nicht mehr als

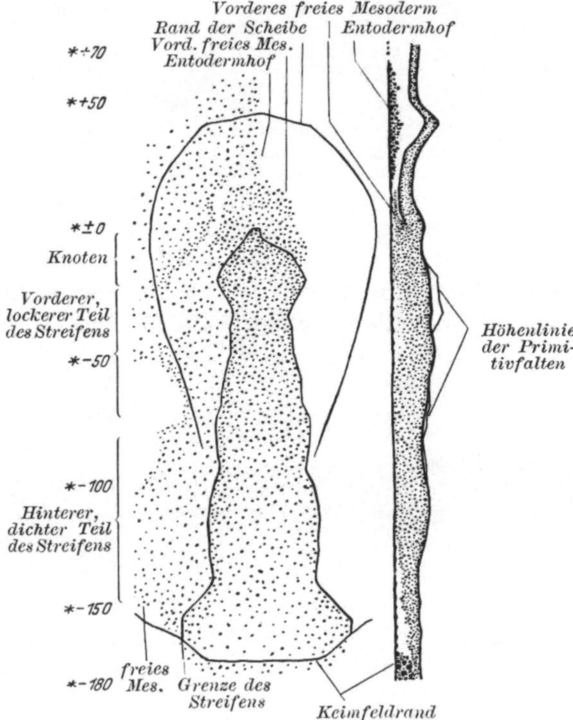

Abb. 15. M 47. Graphische Rekonstruktion eines Keims mit noch junger hinterer Ausbuchtung,
im Stadium der Abb. 14. 45× vergr.

ein besonderes Blatt unterschieden werden kann. Im letzten Viertel des
Streifens vor dem Keimfeldrand wird das Ektomesoderm rasch sehr dünn
(Abb. 18); es ist vom Entoderm hier wieder ganz getrennt. Die breite
hintere Zone der Berührung des Streifens mit dem Entoderm und des anschließenden, letztbeschriebenen Grenzgebiets gegen den Keimwall mit
abgehobenem Ektomesoderm nimmt jetzt die Hälfte des Streifens ein
gegenüber einem Drittel im vorhergehenden Stadium (Abb. 15).

Das freie Mesoderm erstreckt sich noch nicht weit nach der Seite
(Abb. 16); vorderes freies Mesoderm und Entodermhof sind kaum ver-

ändert — höchstens hat sich die neutrale Zone zwischen beiden verkleinert. Das Entoderm des Hofes (Abb. 19, 29) bildet in seiner oberen Schicht manchmal ein Zellnetz, das den Namen „Mesoderm" rein formal — und um etwas anderes handelt es sich hier nicht — ebensogut verdient, wie die Zellen des Mesoderms[1]. Weiter vorn ist das Entoderm wieder einschichtig und hört schließlich, immer noch ein Stück weit hinter dem vorderen Keimfeldrand, frei und unregelmäßig auf (Abb. 15).

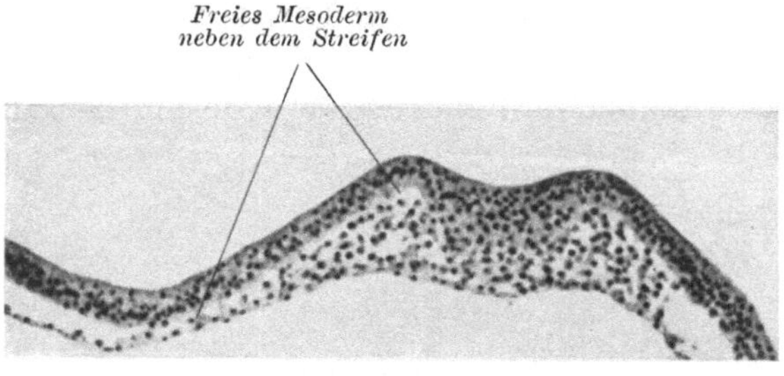

Abb. 16. M 47, − 41. Querschnitt durch den vorderen Teil eines Primitivstreifens im Stadium der Abb. 14. Photo. 105× vergr.

Keimwall und Dotterwall. Hinten, im Bereich der eben erst entstandenen Ausbuchtung, gehen beide Blätter ungefähr in gleicher Höhe in den dichten Keimwall über. Keime, an denen dies beobachtet wurde, zeigen, daß die Erweiterung[2] der hinteren Keimfeldgrenze zunächst alle Schichten des Keims angeht. Andererseits kann aber an Keimen, die ihrer äußeren Form nach etwas jünger (Abb. 13), ebenso alt oder, meistens, etwas älter sind, schon die wichtige Umänderung des Keimwalls durch *Abheben des Ektoderms* im Gang sein.

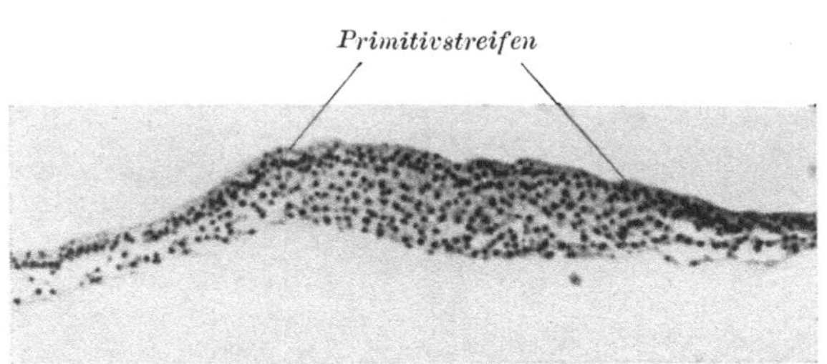

Abb. 17. M 47, − 118. Querschnitt durch den hinteren Teil des Streifens kurz nach der Entstehung der hinteren Ausbuchtung. Stadium der Abb. 14. Photo. 105× vergr.

Die Ablösung des Ektoderms macht sich sowohl hinten als auch seitlich, später im ganzen Umkreis des Keimfeldes geltend. Da die Dotterhöhle schon

---

[1] Einzige Möglichkeit, von einem „gastralen" Mesoderm zu reden, das es sonst im Sinne der RABLschen Unterscheidung von „gastral" und „peristomal" *nicht* gibt!

[2] Der Ausdruck „Erweiterung" nimmt die Ergebnisse der Durchbeobachtung vorweg, findet allerdings hier schon seine Stütze in der allgemein größeren Länge solcher älterer Keimfelder. An sich wäre eine Entstehung der hinteren Ausbuchtung durch Einengung des hinteren Teils des runden Keimfeldes wohl denkbar — vielleicht spielt sie auch tatsächlich mit. Später ist ja das Medianwachsen der Dotterwalltaille ganz sicher; es war auch an GRÄPERS Freiburger Film zu sehen.

vorher den Keimwall teilweise unterhöhlt hatte, steht sein nur noch an das Entoderm angeschlossener Rest, der *Dotterwall* („sekundärer Keimwall", GASSER) auf beiden Seiten frei, bis sich oben und weiter peripher das Entoderm anlagert, und bis schließlich die Dotterhöhle auf-

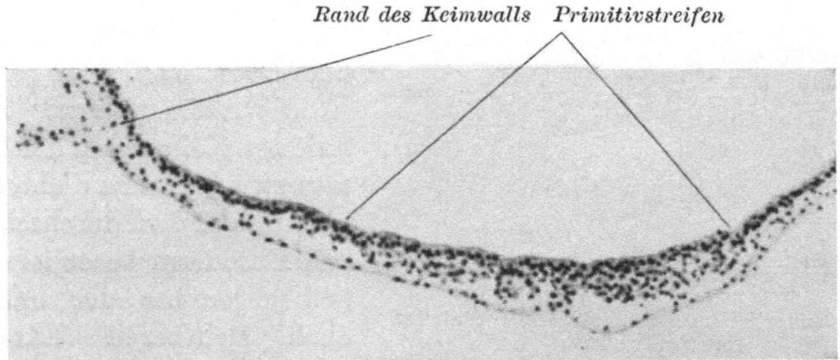

Abb. 18. M 47, − 149. Querschnitt durch den hintersten Teil des Primitivstreifens kurz nach der Entstehung der hinteren Ausbuchtung. Die seitliche Ablösung des Ektoderms ist bei dem (der Streifen- und Keimfeldform nach) „älteren" M 47 weniger weit fortgeschritten als bei M 44 (Überkreuzung in der Formenreihe). Photo. 105× vergr. Stadium der Abb. 14.

hört und der Dotterwall in ihren Boden umbiegt. Das freie Mesoderm dringt erst später zwischen Ektoderm und Dotterwall vor, ist also nicht etwa Ursache der Umbildung.

Keimfeldgrenze. Abb. 20, 21. Das neue Verhältnis des Ektoderms zum Dotterwall bleibt von jetzt an bestehen. Es erwächst daraus eine

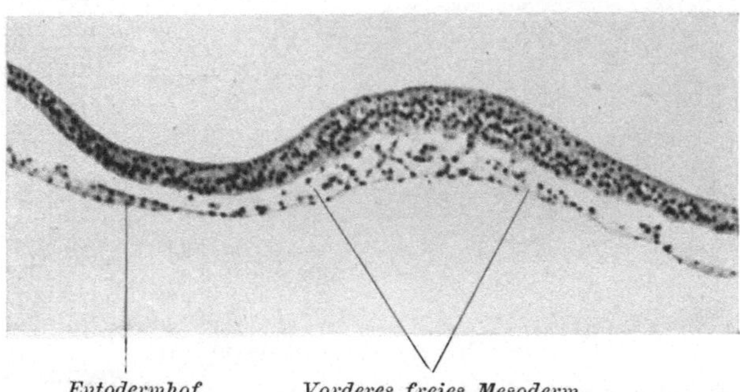

Abb. 19. M 47, +1. Querschnitt dicht vor dem Streifenvorderende eines Keims kurz nach der Entstehung der hinteren Ausbuchtung. Vorderes freies Mesoderm. Stadium der Abb. 14. Photo. 105× vergr.

Schwierigkeit für die Bestimmung der *Keimfeldgrenze*, die einzige wesentliche Fehlerquelle für den Vergleich lebender und fixierter Keime. Die Keimfeldgrenze war bisher, wenn auch nicht immer ganz scharf, durch den Übergang von Ektoderm und Entoderm in den Keimwall bezeichnet. Diese Grenze ist besonders am ersten Bruttag ein unentbehrlicher Anhalt für Messungen; der Hinterrand des Keimfeldes bleibt es der häufigen

Unbestimmtheit des hinteren Primitivstreifenendes wegen auch am zweiten Tag. Mit der Abhebung des Ektoderms bestehen nun zwei Grenzlinien statt einer, eine Grenze des freien Ektoderms gegenüber dem peripher auf dem Dotterwall aufliegenden, und eine Grenze des dünnen Entoderms gegenüber dem Dotterwall.

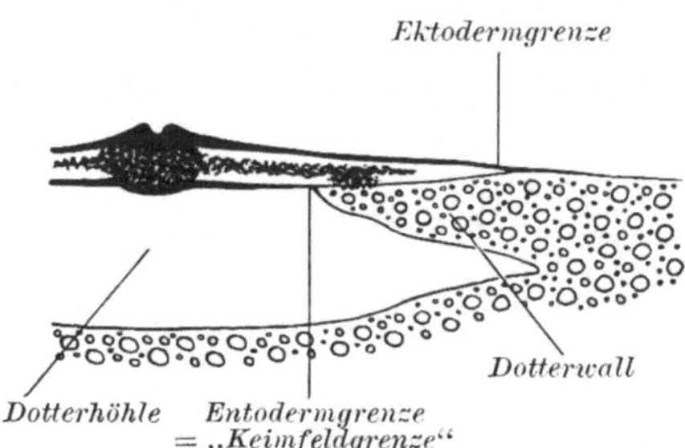

Abb. 20. Schematische Zeichnung der Keimfeldränder im Querschnitt.

Die *Entodermgrenze* ist am fixierten Keim durch den Gegensatz zwischen dem dichten Dotterwall und dem durchscheinenden Entoderm besonders deutlich gegenüber der immerhin auch sichtbaren Ektodermgrenze. Ebenso tritt im Aufsichtsbild eines ungefärbten, lebenden Keims die Grenze des Entoderms gegenüber dem dicht weißen Dotterwall mehr hervor als die oben und damit eigentlich näher liegende Ektodermgrenze. Diese *Ektodermlinie* ist immer besonders deutlich zu sehen, wenn ganze lebende Keime mit Neutralrot (Abbild. 21) oder Keimteile mit Nilblausulfat frisch angefärbt sind; aber auch dann pflegt nach einiger Zeit intensiver Färbung der Dotterwall Farbe zu speichern und sich bald so gut sichtbar zu machen, daß die Entodermgrenze schließlich die deutlichere wird. So müssen

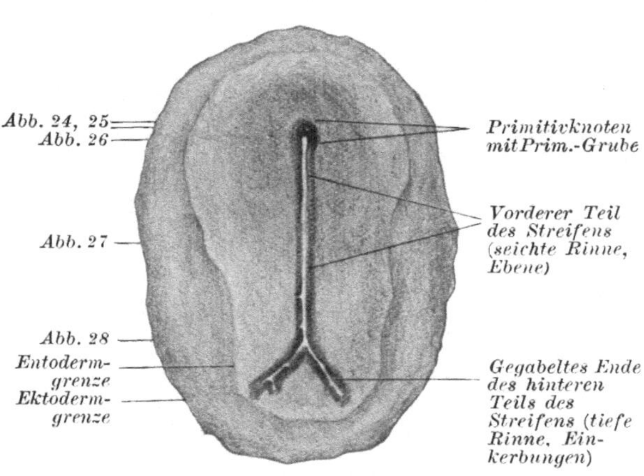

Abb. 21. Keimfeld mit ausgestaltetem Primitivstreifen, lebend, neutralrot gefärbt im auffallenden Licht. 14× vergr.

wir in jedem Fall aus praktischen Gründen die innere Grenze, zwischen Entoderm und Dotterwall, als *die* Keimfeldgrenze bezeichnen und festzustellen suchen. Dabei kann es, wenn die Dotterwallbildung schon am runden Keimfeld beginnt, schwer sein, zu entscheiden, welche der beiden Grenzlinien für die hintere Ausbuchtung verantwortlich zu machen ist; meistens aber scheinen beide in der ersten Bildung dieser Ausbuchtung noch im wesentlichen parallel zu gehen.

Die „Scheibe" ist jetzt manchmal etwas deutlicher abgegrenzt und oval. Der Knoten liegt erheblich vor ihrer Mitte, ihre vermutete Hintergrenze trifft den Streifen in der Gegend seiner Mitte (Abb. 15).

Ausgestaltung des Keims mit Streifen und birnförmigem Keimfeldumriß, Flächenbild. Abb. 21, 22, 23. Im ferneren Verlauf des ersten Brut-

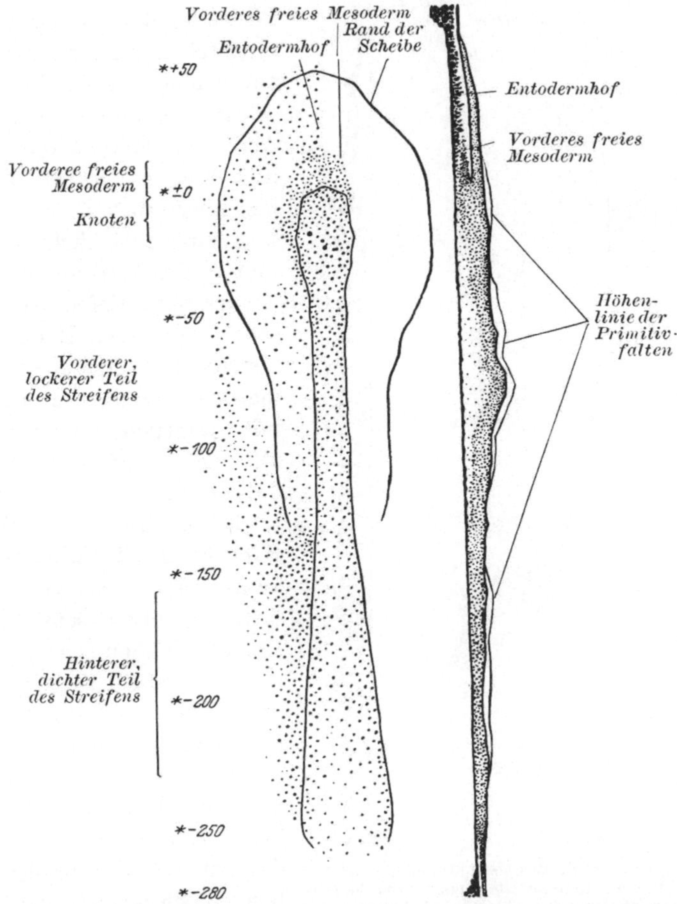

Abb. 22. M1.   Graphische Rekonstruktion eines Keims mit ausgestaltetem Primitivstreifen, noch ohne Chordaanlage, im Stadium der Abb. 21.   45× vergr.

tages, weitere 4—8 Stunden lang, nachdem der Keimfeldumriß birnförmig geworden ist, ändert sich die Form des Keims dem Wesen nach nicht. Wohl aber *wächst* in dieser Zeit sowohl das ganze Keimfeld (auf 3—3 ½ mm Längsdurchmesser) als auch der Streifen, der schließlich über etwa ¾ der Keimfeldlänge wegzieht. Der Umriß des Keimfeldes bleibt birnförmig; wenn auch die hintere Ausbuchtung sehr viel größer wird, so bleibt doch die bezeichnende Einschnürung in der Dotterwall-Entodermgrenze bestehen, während die Grenze zwischen Dotterektoderm und freiem Ektoderm ein einfaches Oval beschreibt.

Die Form des Primitivstreifens wird deutlicher ausgestaltet, seine Rinne tiefer und von starken Falten scharf begrenzt; der Knoten umgibt als dichter, deutlich begrenzter Wulst den besonders tiefen Anfangsteil der Rinne vorn und auf beiden Seiten. Die Rinne selbst wird hinter ihrem tiefen Anfang, der *Primitivgrube*, fast immer etwas flacher (Ebene), bis über die Keimfeldmitte weg, um sich schließlich in der hinteren Hälfte des Streifens wieder zu vertiefen. Im Gegensatz zu jüngeren Bildern hört der Streifen jetzt auch hinten meist innerhalb des Keimfeldes mit deutlicher Umgrenzung seiner Flächenform auf („Kaudalknoten").

Dieses Hinterende des erwachsenen Primitivstreifens kann einfach, aber auch mehrfach gespalten sein. Solche Verschiedenheiten stehen, wie ich in Übereinstimmung mit von Baers und Keibels Überlegungen an eigenen Durchbeobachtungen sehen konnte, in keinerlei Beziehung zu Mehrfach- oder überhaupt Mißbildungen, wie Unkundige glauben mochten (Drooglever Fortuyn van Leydens „Dreifach"bildung ist nur eine Doppelbildung). Sie haben auch nichts mit Urmundspalten zu tun, wie Kupffer noch vermutete [1]. Außerdem sieht man

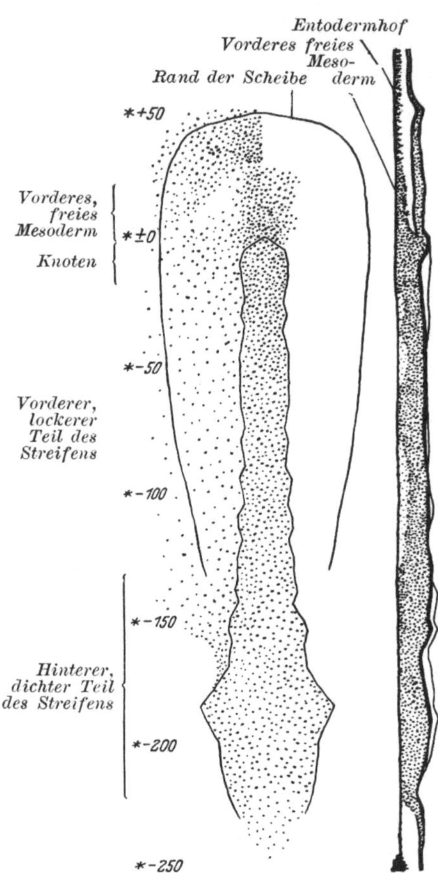

Abb. 23. M 5. Graphische Rekonstruktion eines Keims mit ausgestaltetem Primitivstreifen, noch ohne Chordaanlage, im Stadium der Abb. 21. 45× vergr.

---

[1] Meine Schnittbilder zeigten übrigens nichts, was an den von Koller und Duval vermuteten Urmundcharakter des hinteren Keimscheibenrandes erinnern würde, der ja übrigens schon längst als Gegenstand der embryologischen Diskussion verschwunden ist. Häufig dagegen sieht man im Flächenbild den Anlaß zu jenen Vermutungen, eine dem Rande parallele Rinne (Kollers „Sichelrinne"),

besonders häufig im Hinterteil des Streifens quere Spalten in den Primitivfalten, die, wenn sie regelmäßig liegen, eine Segmentierung vortäuschen können. Oft aber entsprechen die Spalten der einen Seite denen der anderen nicht; das zeigt schon, daß sie keine bleibende Bedeutung haben

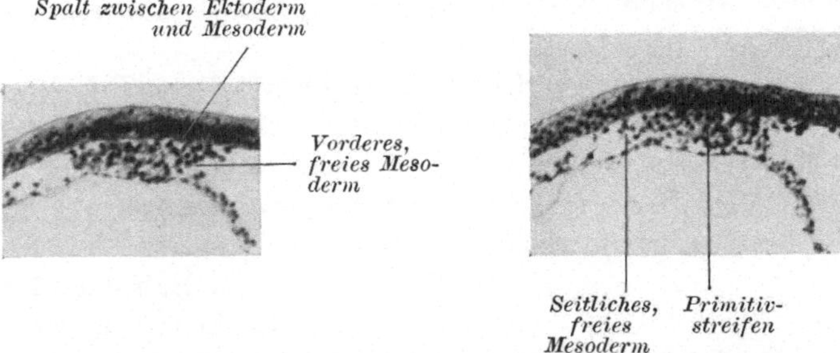

Abb. 24. M 4, + 1. Querschnitt durch einen Keim mit erwachsenem Primitivstreifen dicht vor dem Knoten. Stadium der Abb. 21. Photo. 150✕ vergr.

Abb. 25. M 4, — 1. Erster Querschnitt durch den Primitivknoten eines Keims mit ausgestaltetem Primitivstreifen. Stadium der Abb. 21. Photo. 105✕ vergr.

können (Abb. 21). Ebensowenig allerdings sind diese Spalten nur durch die Fixierung hervorgerufen, wie RABL in seiner nachgelassenen Arbeit über Entenkeimscheiben meint (von der nur zu bedauern ist, daß sie nicht mehr durch die geplante Beschreibung der Serien ergänzt werden konnte;

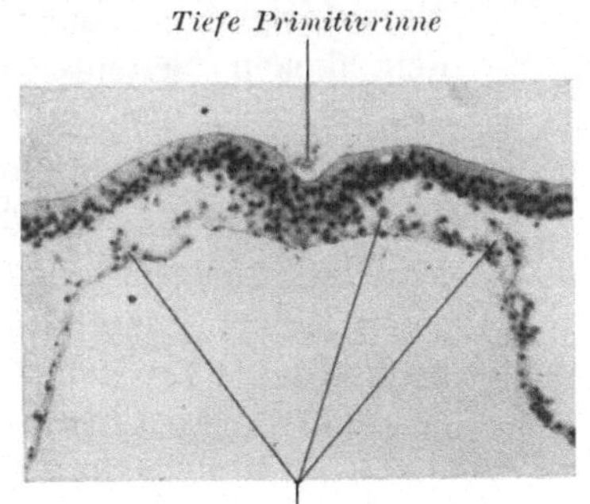

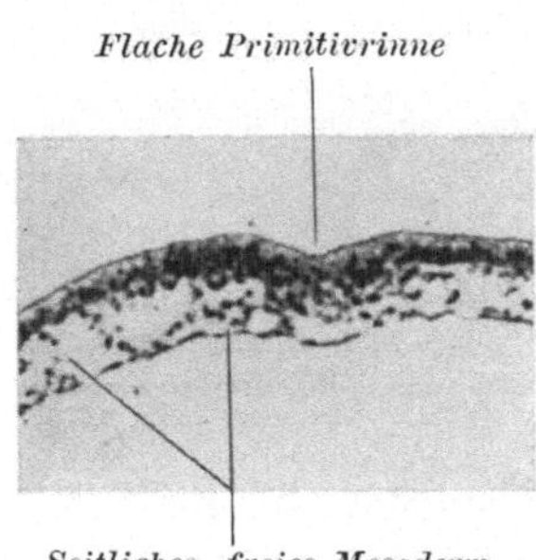

Abb. 26. M 4, — 20. Querschnitt durch die Primitivgrube eines Keims mit ausgestaltetem Streifen. Stadium der Abb. 21. Photo. 105✕ vergr.

Abb. 27. M 4, — 114. Querschnitt durch den mittleren Teil eines ausgestalteten Streifens (Ebene). Stadium der Abb. 21. Photo. 105✕ vergr.

vermutlich brauchte dann dieser Teil meiner Arbeit kaum geschrieben zu werden!). Die Verschiedenheiten der Form des hinteren Primitivstreifendrittels *normaler* Keime legen die Vorstellung nahe, daß die Bedeutung dieses Abschnittes und seiner besonderen Gestalt für die Formbildung des Embryos geringer ist als die der vorderen Teile.

an ganz jungen Keimfeldern; diese Rinnen entstehen anscheinend durch ungleichmäßiges Anhängen der Keimoberfläche an der Dotterhaut und lassen sich durch Streichen mit der Glasnadel ausgleichen.

Die Gegend um den Primitivknoten herum erscheint jetzt auch im Flächenbild in wechselnden Bildern verdichtet; das kann in seltenen Fällen so weit gehen, daß die dichte *Scheibe* in weitem Oval den Knoten umgibt und ihn *samt der vorderen Hälfte* des Streifens einschließt. Der Knoten liegt, wie schon die vorhergehenden Rekonstruktionen es zeigten, vor der Mitte der Scheibe.

Die recht verschiedenen Schnittbilder ausgestalteter Primitivstreifen sollen hier nur auf die Eigentümlichkeiten hin besprochen werden, die regelmäßig zu finden und auf das Flächenbild zu beziehen sind.

Schnittbild von Keimen mit erwachsenem Primitivstreifen. Abb. 22 bis 31.

So steht der Formenunterschied zwischen der vorderen und der hinteren Hälfte des Primitivstreifens [1] außer jedem Zweifel. Auf einigen Schnitten durch die Gegend seines Vorderendes zeigt sich die Fläche oder Dorsalwölbung des Knotenvorderteils (Abb. 24, 25), dessen dichtes Ektomesoderm bis zum Entoderm reicht. Darauf folgt eine tiefe, von den dicken Seitenteilen des Knotens eingefaßte Primitivgrube (Abb. 26). Die Grube verflacht sich nach hinten zu einer seichteren Rinne. Diese stets beobachtete Verflachung (Abb. 27), die „*Ebene*",

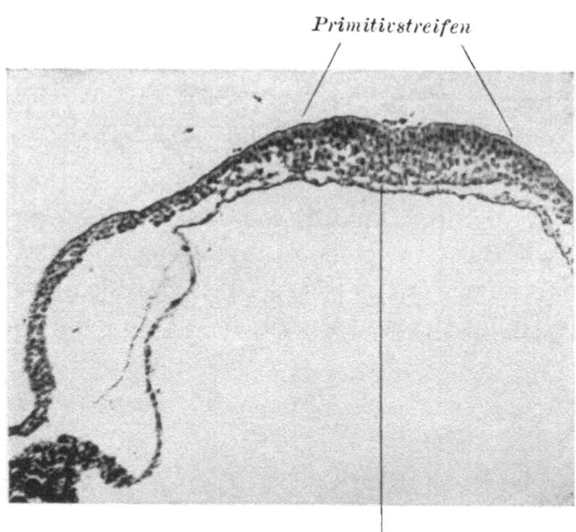

Abb. 28. M 4, −198. Querschnitt durch den hinteren Teil eines ausgestalteten Primitivstreifens. Stadium der Abb. 21. Photo. 105× vergr.

reicht ungefähr bis zur Mitte des Streifens und kann die Rinne ganz verschwinden lassen. Der Streifen ist, wie in den vorhergehenden Stadien, im vorder-mittleren Teil, hinter dem Knoten, ziemlich dick, aber im allgemeinen locker, und läßt ein gesondertes Entoderm deutlich unterscheiden. Von seiner Mitte ab wird der Streifen flacher, aber breiter, und geht alsbald in die breite und geschlossene, wenn auch nicht sehr dicke Masse über, die bis zum Entoderm reicht und ungefähr die hintere Hälfte des Streifens bildet. Der Unterschied gegenüber dem früheren Bilde (Abb. 17) ist außer der größeren Selbständigkeit des Entoderms [2] nur

---

[1] In bezug auf die Breite und Tiefe der Rinne hat KEIBEL beim Schwein so ähnliche Angaben gemacht, daß wohl eine gleiche Bedeutung der Abschnitte beim Huhn und bei Säugern angenommen werden darf.

[2] Sie zeigt sich z. B. durch Ablösungen, wie sie beim Fixieren vorkommen und in Abb. 28 zu sehen sind.

der, daß hinter der Ebene regelmäßig eine Rinne zu sehen ist (Abb. 28, schwach). Im Ende der Ebene fällt die flachste Stelle der Primitivrinne mit dem Ende der schmalen und oft dicken Vorderhälfte des Streifens zusammen. Wie vorher wird der Streifen kurz vor dem Keimfeldrande dünner, hebt sich vom Entoderm ab und geht, noch vor dem Rand selbst, in einfaches Ektoderm über (Abb. 22, 23).

Freies *Mesoderm* erstreckt sich jetzt bis zu 0,2 mm weit vom Knoten nach vorn, vom übrigen Streifen aus verschieden weit nach der Seite. Hier erreicht es stellenweise den Keimfeldrand. Je weiter hinten wir das Mesoderm betrachten, desto mehr erscheint es an das Ektoderm auch seitlich von der eigentlichen Wucherungszone angeschlossen. Während das vordere Mesoderm in Abb. 23 noch ganz kurz ist und das Entoderm kaum berührt, ist es in Abb. 22 schon länger und weder vom Entoderm noch auch von dessen Hof klar geschieden.

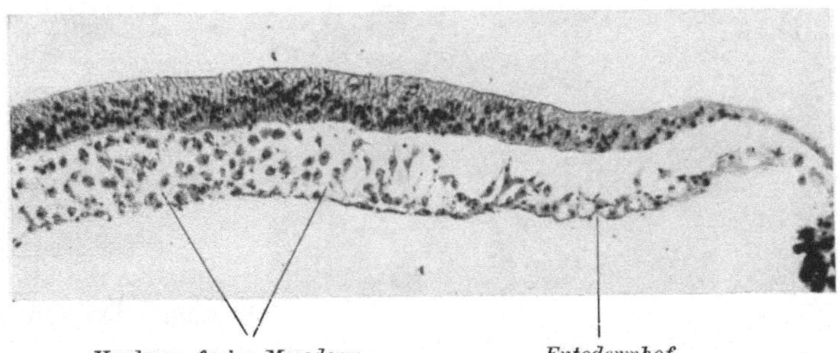

Abb. 29. M 1, + 9. Querschnitt etwas vor dem Vorderende eines ausgestalteten Primitivstreifens. Vorderes freies Mesoderm und seitlicher Teil des Entodermhofs. Das Plasma der Mesodermzellen ist stellenweise mit Tusche nachgemalt. Photo. 200× vergr.

Das *Entoderm* ist jetzt in der ganzen Ausdehnung des Keimfeldes, also auch vorn, an den Dotterwall angeschlossen. Sein vorderster Teil ist etwas verdickt. Besonders stark ist diese Verdickung etwa in der Mitte zwischen dem Primitivknoten und dem Vorderrand des Keimfelds; sie umgibt hier in weitem Bogen den Knoten und liegt vor dem „vorderen freien Mesoderm". Ich glaube dieses mehrschichtige Entoderm nach wie vor als Entodermhof von den Mesodermzellen des Kopffortsatzes einigermaßen unterscheiden zu können (Abb. 29), um so eher, als eine „neutrale" Zone oft noch beide Formen trennt. Seitlich vom Vorderteil des Streifens setzt sich diese Entodermverdickung fort; ihre Trennung von den Zellen des mit dem Streifen zusammenhängenden seitlichen Mesoderms ist hier aber nicht mehr möglich. Ein seitlicher Rest der Entodermverdickung könnte es sein, wenn ungefähr bis zur Streifenmitte dieses zusammenhängende Mesoderm noch untrennbar besonders an die Stelle der Dotterwall-Entodermgrenze angeschlossen erscheint (Abb. 30, 31).

In der ganzen hinteren Hälfte des Keims ist keinerlei Verbindung des seitlichen Mesoderms mit dem Entoderm oder dem Dotterwall nachzuweisen.

Das *Ektoderm* ist vor dem Knoten und auch noch neben und hinter ihm dick und setzt sich gegen den dünnen Randteil ab. Die Verdickung entspricht der „Scheibe" der früheren Schnittbilder und des Flächenbildes. Auch im Schnittbild ist immer noch die Regel, daß die Grenzen der im ganzen längsovalen Scheibe vorn und seitlich einigermaßen deutlich sind, sich hinten aber auf die Ebene zu allmählich verlieren (Abb. 22, 23).

Die Abhebung eines Ektodermbandes vom Keimwall, d. h. dessen Umwandlung zum Dotterwall, hat sich in der Zeit zwischen der Entstehung der hinteren Ausbuchtung bis zur vollständigen Ausgestaltung des Streifens rings um den ganzen Keimfeldrand vollzogen.

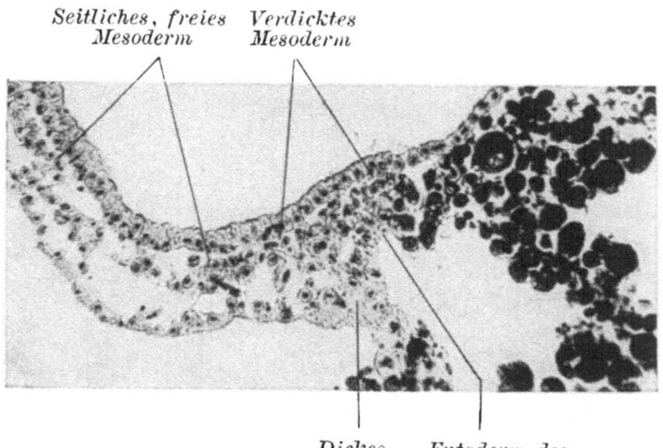

Abb. 30. M 5, — 48. Keim mit ausgestaltetem Primitivstreifen. Zusammenhang des Mesoderms mit der Dotterwall-Entodermgrenze, die durch Bildung einer Höhle sonderbar geformt ist. Photo. 200× vergr.

Rückblick auf die Bildung und Ausgestaltung des Primitivstreifens nach der Formenreihe. Überblicken wir an Hand der geschilderten Zustandsreihe die Formen des Primitivstreifens während seiner Bildung und Ausgestaltung, so sei besonders hervorgehoben, daß schon bald nach seinem ersten Erscheinen ein vorderer und ein hinterer Teil unterschieden werden kann. Der vordere Teil besteht aus dem breiten, dicken, ans Entoderm angeschlossenen Wucherungsgebiet des Knotens und aus dem anschließenden schmalen, ziemlich dicken und nur locker mit dem Entoderm verbundenen Streifen (Ebene), in dem die Primitivrinne zuerst erscheint. Die Rinne verflacht sich gegen das hintere Ende dieses vorderen Streifenteils hin. Im breiten, flachen, hinteren Teil ist das Ektomesoderm des Streifens fest mit dem Entoderm verbunden, um sich im allerletzten Abschnitt wieder von ihm abzuheben. Die Rinne erscheint hier erst später, kann aber schließlich auch recht tief werden. Die Übergangszone zwischen beiden Gebieten, in der die Rinne immer ganz besonders flach ist, konnte auch im Flächenbild festgestellt werden; eine genaue Begrenzung ist unmöglich, auch sind die individuellen Ausbildungszustände *sehr* verschieden (s. Rekonstruktionen!). So kann es vor allem sein, daß die geringste Tiefe der Rinne nicht genau mit der Grenze zwischen den beiden Primitivstreifenabschnitten zusammenfällt, sondern etwas weiter vorn liegt. Immer aber liegt das hintere Ende der Ebene, wenn einmal die hintere Ausbuchtung des Keimfeldes gebildet ist, ungefähr in der Mitte des Streifens. Vorher, am runden Keimfeld, ist der hintere Abschnitt des Streifens kürzer als der vordere, und die Ebene, soweit überhaupt schon von ihr gesprochen werden kann, reicht entsprechend hinter die Mitte. Die absolute Breite des Streifens nimmt während seines Wachstums und seiner Ausgestaltung fortwährend ab. Die mikroskopische Vordergrenze des Streifens entspricht stets dem vorderen Rande des im Flächenbild sichtbaren Knotens.

Eine Platte zentralen, dickeren Ektoderms als *Scheibe* zu unterscheiden, ist schon früh möglich, allerdings zunächst ohne scharfe Grenzen, in

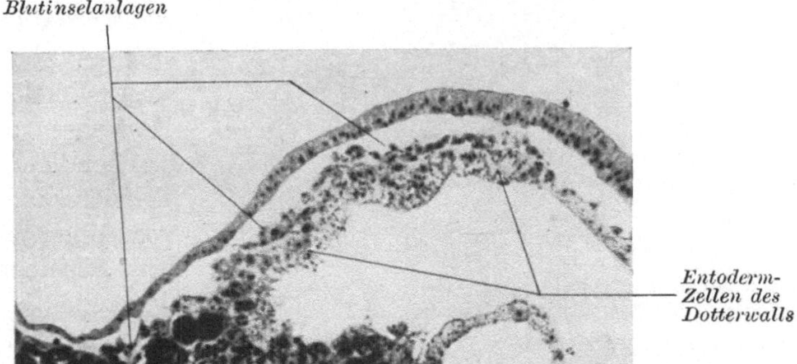

Abb. 31. M 6, —19. Keim mit ausgestaltetem Primitivstreifen. Mesoderminseln (Vorläufer der Blutinseln), dem Dotterwall dicht anliegend, ohne sichtbaren seitlichen Zusammenhang mit dem Primitivstreifenmesoderm. Photo. 200× vergr.

allmählichem Übergang ins Randektoderm. Vorder- und Seitenrand der Scheibe sind immer deutlicher als die hintere Begrenzung, die in spitzem Winkel auf den Streifen zuläuft. Sie oder ihre gedachte Fortsetzung trifft ihn etwa an der Grenze zwischen vorderem und hinterem Streifenteil, und zwar sowohl an jungen Keimen, bei denen der breite, flache, hintere Streifenabschnitt noch kurz ist, als an allen älteren. Die anfangs rundliche Scheibe geht mit dem Wachstum des Streifens in ein immer länger gestrecktes Oval über, und der Primitivknoten rückt ihrem vorderen Rande relativ wie absolut immer näher.

Freies Mesoderm ist seitlich und vorn nur in lockerer Form und in unmittelbarem Zusammenhang mit dem Primitivstreifen ausgebildet; es erreicht und überschreitet erst um die Zeit kurz vor der Bildung der Chordaanlage den Keimfeldrand.

Der seitliche Zusammenhang des Mesoderms mit der Dotterwall-Entodermgrenze, die enge Nachbarschaft von Primitivstreifen- zu Entodermhof- wie auch Keimwallzellen ließ mich nach meinen Schnittbildern an die Möglichkeit denken, daß peripherisches Mesoderm (Blutinseln) in der Peripherie entsteht unter Beteiligung des Keimwalls und Entoderms, wie es GASSER im Gegensatz zu KÖLLIKER, RABL, SCHAUINSLAND, OSKAR HERTWIG u. a., in bezug auf die Blut- und Gefäßbildung auch GRÄPER gegenüber RÜCKERT und HERMANN HAHN behauptet hat. Voreilige Schlüsse sollen aber aus solchen Zusammenhängen nicht abgeleitet werden, nachdem, um ein ähnliches Beispiel zu nennen, die ebenso innige Verbindung des Primitivstreifens mit dem Entoderm der Medianlinie doch sicher nachträglich zustande kommt. Die Frage des peripherischen Mesoderms entscheidet das Experiment [1], nicht die Formenreihe.

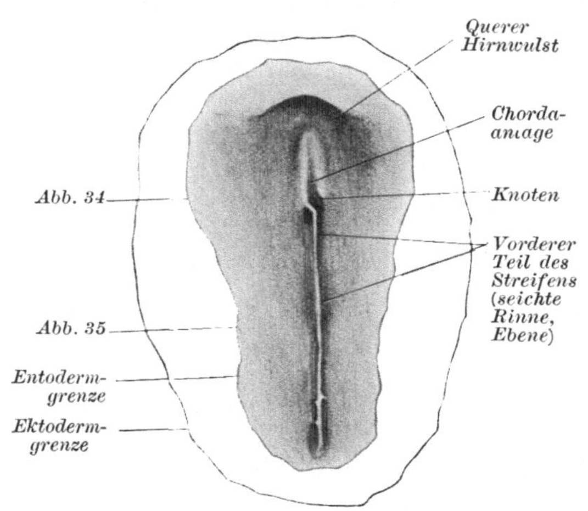

Abb. 32. Keim mit kurzer Neural- und Chordaanlage. Lebend, neutralrot gefärbt. 14× vergr.

Flächenbild nach dem Erscheinen der Chorda-anlage. Abb. 32, 33. Gegen Ende des ersten Bruttages zeigen sich in dem Feld zwischen Primitivknoten und vorderem Keimfeld- bzw. Scheibenrand bedeutende Veränderungen; sie lassen abgrenzbare Formen entstehen, die als Grundlage für die Organsysteme des erwachsenen Körpers mit deren Namen benannt werden können.

Im Flächenbild erscheint zuerst im Bereich der Scheibe als (oft nicht ganz gerade) Fortsetzung des Primitivknotens ein spitzer Strang; es ist die *Chordaanlage* [2]. Sie wölbt sich und das bedeckende Ektoderm

---

[1] Dieses Experiment habe ich schon gemacht; in vorläufig erst wenigen Versuchen wurde die Mesodermbildung einer Seite für größere Abschnitte des Körpers völlig verhindert oder sichtbar geschädigt. Dabei war stets im Bereich des (durch lokale Überfärbung) geschädigten axialen Mesoderms auch das peripherische getroffen, und wo das axiale fehlte, war auch keine Spur des peripherischen. Damit ist fürs erste bewiesen, daß der Dotterwall ohne das zentrale Primitivstreifenmesoderm nicht zu der selbständigen Bildung von peripherem Mesoderm imstande ist, die das Schnittbild als möglich erscheinen ließ. Im übrigen kann auf Grund der bisherigen Versuche vor allem über die Blutbildung noch nichts weiter behauptet werden.

[2] Der dichte Mittelstrang, der auch im Schnittbild ohne weiteres als Vorform der Chorda bestimmbar ist, wurde hier absichtlich nicht mit dem ge-

über die Keimfeldoberfläche nach dorsal, wie es auch der Knoten tut. Wenn die Chordaanlage sichtbar wird und bald auch länger erscheint, erhebt sich das Ektoderm in einem breiten Wulst, zunächst in der Medianlinie zwischen dem Vorderrand des Keimfeldes und der Spitze der Chordaanlage. Kurz danach ist die Aufwölbung hufeisenförmig um die Chordaanlage herum nach hinten verlängert, um sich in der Nähe des Knotens zu verflachen (Abb. 32). Eine Verdichtungszone erstreckt sich aber in Fortsetzung der Aufwölbungen nach hinten, und ihre Grenzen laufen, wie früher die der Scheibe, auf den Mittelteil des Streifens zu (Abb. 33). Die Aufwölbungen bilden die Abgrenzung der *Neuralplatte* gegenüber dem *Haut-* und Amnionektoderm. Die zwischen dem vorderen, queren Hirnwulst und den seitlichen Neuralwülsten liegende Einsenkung ist durch die mediane Erhebung der Chordaanlage in zwei Hälften geteilt. Die linke (ganz selten die rechte) dieser flachen Rinnen setzt sich in die Primitivrinne fort, indem sie von links vorn schräg nach rechts hinten in den Primitivknoten einschneidet.

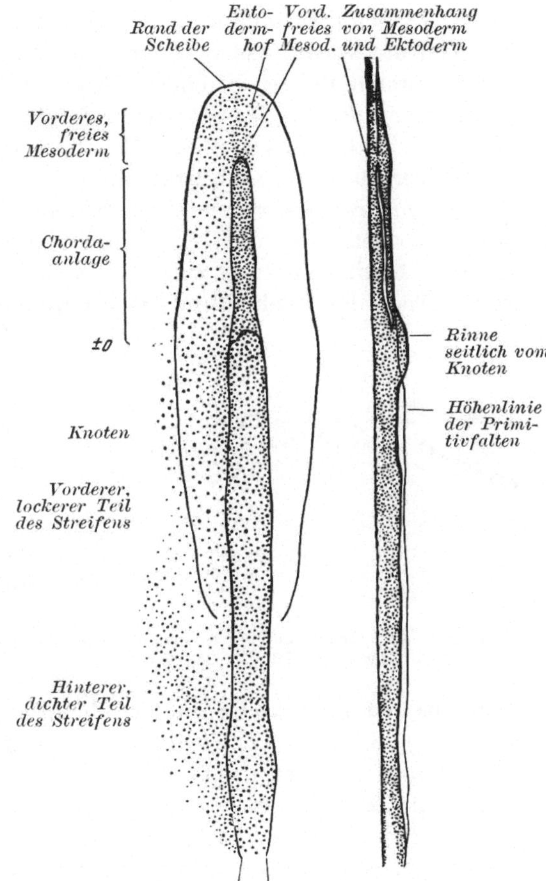

Abb. 33. M 21. Graphische Rekonstruktion eines Keims mit kurzer Chordaanlage, im Stadium der Abb. 32. 45× vergr.

bräuchlichen, ungenauen Namen Kopffortsatz belegt. Diese Bezeichnung hätte höchstens Sinn für eine erste Strecke der Chordaanlage. Wieviel von ihr später zum Kopf gehören wird, ist aber von vornherein nicht zu bestimmen, außerdem gehört auch dieses Stück ja nur einem Teil des Kopfes an. Und wie soll dann weiter hinten bzw. später der Strang bezeichnet werden, wenn er sich, in grundsätzlich ganz gleicher Weise, an den Primitivknoten anschließt und doch zweifellos schon dem Rumpf angehört? Siehe auch Anmerkung S. 208 und 238.

Der Knoten wird dadurch — im Flächenbild — auffallend unsymmetrisch in zwei Teile zerlegt, einen größeren rechten, der mit der Chordaanlage zusammenhängt, und einen kleineren linken.

Der Primitivstreifen ist zunächst noch sehr lang und läßt die besonderen Abschnitte unterscheiden, den Knoten, die Ebene, den hinteren Teil mit wieder tiefer Rinne. Der Übergang von der Ebene zu diesem hinteren Teil des Streifens liegt in oder etwas vor seiner Mitte; hier münden auch die Fortsetzungen der Neuralwülste zusammen. Die Verschiedenheiten des Primitivstreifenendes werden jetzt weniger häufig und weniger ausgeprägt angetroffen.

Schnittbild von Keimen mit junger Chordaanlage. Abb. 33—35. Im Schnittbild bietet nur die Gegend um den Primitivknoten besonderes Interesse[1]. Nach vorn zu ist von einer Höhe ab, die im Flächenbilde dem *vorderen* Ende der Verdichtung des Knotens entspricht, das Ektoderm völlig vom axialen Mesoderm getrennt (Abb. 34). Dieses Mesoderm ist, dem Flächenbild entsprechend, als Chordaanlage wenigstens durch seine Dicke vom seitlichen Mesoderm abgehoben, hängt aber im übrigen noch mit ihm und mit dem Entoderm zusammen. Die Grenze zwischen dem Gebiet der Chordaanlage und dem des Primitivknotens und -streifens ist auf den Schnitt genau festzustellen („+1“ und „—1“). Sie ist entscheidend für den Gegensatz von „organisiert“ und „primitiv“ insofern, als vor ihr im +-Gebiet diejenigen Systemanlagen als *Material*bezirke *formal* voneinander getrennt oder doch deutlich gegeneinander abgehoben sind, die in ihrer Gesamtheit den *typischen Querschnitt eines Wirbeltierkörpers* ausmachen. Die Dicke des zentralen Ektoderms und die beginnende Erhebung an seinen beiden Seiten begrenzt die Neuralanlage gegen das Haut- und Amnionektoderm; durch die restlose Abspaltng vom Mesoderm ist die Grenze des Neuralektoderms auch nach unten gezogen. Wenn das gleichzeitig abgetrennte Mesoderm der Chordaanlage auch noch seitlich und unten mit Mesoderm- und Entodermmaterial für die Epithelien des Darm-Dottersystems zusammenhängt, so ist es doch in seiner Form so weit selbständig, daß die Gliederung in die Grundrißorgane auch hier schon gegeben ist.

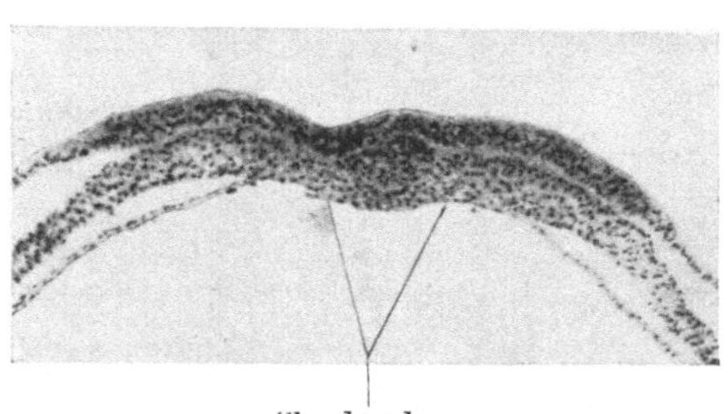

Chordaanlage

Abb. 34. M 6, +1. Querschnitt durch einen Keim im Stadium der Abb. 32. Photo. 105× vergr.

---

[1] Wenigstens in dieser Arbeit; im übrigen bedarf jede Einzelheit der Keimformen der genaueren Untersuchung!

Warum soll die mit + und — bezeichnete Grenze zwischen dem so erstmals organisierten Gebiet des Keims und dem noch primitiven gerade durch die Abtrennung der letzten Mesodermzellen vom Boden des Scheibenektoderms bezeichnet werden, warum nicht mit derselben Berechtigung durch die *vollendete* Trennung des Neural- und Hautektoderms, der Chorda vom Mesoderm, der Chorda vom Entoderm (was jeweils eine sehr verschiedene Lage der Grenze ergeben würde)? Darum, weil wir im Zusammenhang des Ektoderms mit dem axialen Mesoderm nicht nur einen an sich wenig mehr bedeutenden Zusammenhang von Materialgruppen sehen, wie etwa in dem noch länger oder kürzer bestehenden Zusammenhang von Chordaanlage und seitlichem Mesoderm, sondern eben das *Wesen* (Wucherung) des Primitivstreifens überhaupt. Dazu kommt, daß gerade diese unsere $\pm$-Grenze mit der des Flächenbildes (Chordaanlage gegen Knoten) zusammenfällt, während die genannten anderen Stellen völliger Abtrennung fortwährend ihre Lage zum Knoten ändern.

Das Mesoderm ist beiderseits der Chordaanlage dick und dicht; es überschreitet weit den Rand des Keimfeldes und ist dabei im allgemeinen [1] von den Elementen des Dotterwalls scharf geschieden.

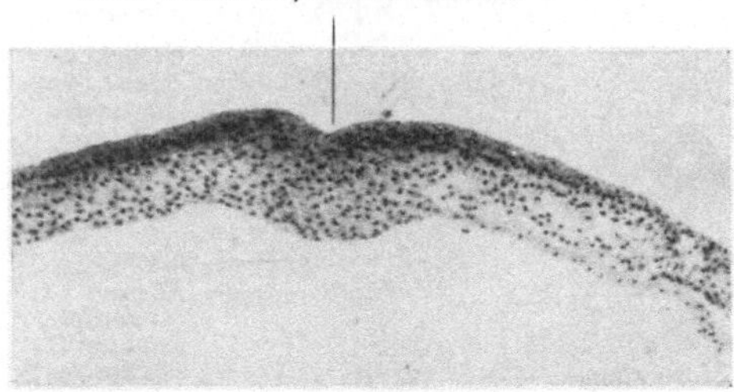

Abb. 35. M 16, — 99. Querschnitt durch den mittleren Teil des Primitivstreifens (dicht hinter der Ebene) bei einem Keim im Stadium der Abb. 32. Photo. 105× vergr.

Auch das vordere Ende der Chorda ist, wie bisher der Knoten, von freiem Mesoderm umgeben [2]. Seine Zellen, wie die des ganzen Mesoderms dichter gepackt als in den früheren Stadien, liegen jetzt dem Entoderm fest an. Nach vorn zu folgt ohne mesodermfreie Zone in unscharfem Übergang ein verdicktes Entoderm, das wohl dem des alten Entodermhofes entspricht und sich jetzt seinerseits unmittelbar an den vorderen Teil des Dotterwalls anschließt. Die Länge ist mit etwa 20 μ in Abb. 33 nicht wesentlich gegenüber den früheren Bildern verändert.

Erwähnt sei noch, daß das Vorderende der Chordaanlage über wenige Schnitte weg noch einmal einen Zellzusammenhang mit dem hier verdickten Ektoderm zeigt, wie er weiter hinten die Primitivregion bezeichnet (Abb. 33).

---

[1] Die oben angeschnittene Frage der Blutinselbildung wird hier nicht mehr berührt.

[2] Ich muß gestehen, daß ich über die Formenreihe von vorderster Spitze der Chordaanlage, vorderem freiem Mesoderm und Ektoderm noch nicht genügend Bescheid geben kann; die Untersuchung ist im Gange.

So ist formal die Gegend der neuen Formbildungen nichts anderes als die bisherige +-Gegend, das Vorfeld, mit beginnender Heraushebung des Achsenorgans und der Neuralplatte.

Das Streifengebiet (—) ist, wie von Anfang an, bestimmt als die Gegend des axialen Zusammenhangs von Ektoderm und Mesoderm und läßt weiterhin die früher unterschiedenen Abschnitte erkennen: den dicken Primitivknoten, dicht ans Entoderm angeschlossen; den anschließenden, verhältnismäßig locker mit dem Entoderm verbundenen Vorderteil, in dem die Rinne allmählich sehr flach wird; am Hinterende dieser Ebene die Einmündung der Neuralwulstfortsetzungen, an die der hinteren Scheibenränder erinnernd; den hinteren Streifenteil (Abb. 35) mit wieder engerem Anschluß des Mesoderms ans Entoderm und schließlich eine Trennung dieser beiden Blätter, das Aufhören von Rinne und Streifen kurz vor dem Keimfeldrand.

Im Beispiel der Abb. 33 sind diese Abschnitte nicht so deutlich ausgeprägt wie in den vorhergehenden Bildern, z. B. Abb. 23.

Flächenbild von Keimen mit den ersten Urwirbeln. Abb. 36—44. Bald nach dem Erscheinen der Neuralwülste wird der Primitivstreifen merklich kürzer. Wenn das Wachstum der Neuralwülste und die Rückbildung des Streifens beide ungefähr auf die gleiche Länge

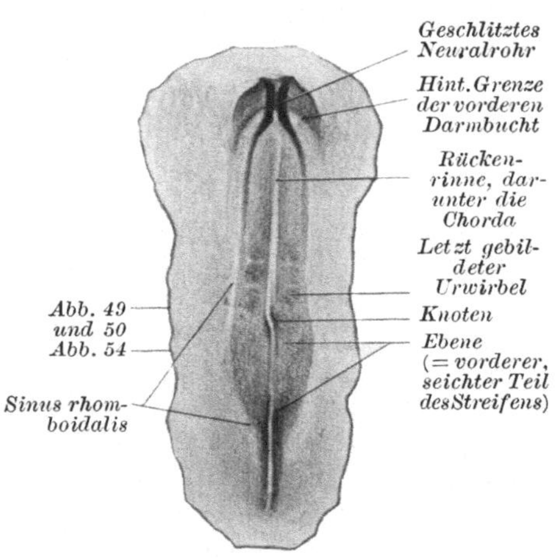

Abb. 36. Keim mit drei Urwirbeln. Lebend, neutralrot gefärbt, im auffallenden Licht. 14× vergr.

gebracht hat, macht sich von vorn her ein neuer Abschnitt der Gestaltung geltend. Die Wölbung der Chorda und des anschließenden Knotens ist verschwunden, der Boden der Neuralrinne als Rückenrinne besonders tief eingesenkt. Diese Rinne schneidet vorn in den queren Hirnwulst ein und geht hinten in die Primitivrinne über; die früher schräge Furche durch den Primitivknoten erscheint gerader gestreckt in dem Maße, wie der Knoten als hervorragender Buckel, der umgangen wurde, verschwindet und nur mehr durch seine größere Breite und Dichte als Grenze zwischen Chorda und Primitivstreifen erkennbar bleibt.

Kurz darauf sind kopfwärts, beiderseits der Rückenrinne, die Anfänge der Neural*rohr*bildung zu sehen: Die rundlichen Neuralwülste werden schärfer (Neural*falten*), erheben sich und nähern sich einander in der Mittellinie bis zur Berührung. Während so die Neuralanlage in ihrem vordersten Teil die Form eines geschlitzten und später geschlossenen *Rohres* angenommen hat, laufen die Falten dahinter, sich allmählich abflachend, im Bogen auseinander und weiterhin der Chorda parallel, mit dem einzigen Unterschied gegen das vorhergehende Stadium der Neural*wülste*, daß ihre seitliche Grenze, die Höhenlinie der Falten, besser sichtbar ist. Dies gilt vor allem für ihre Fortsetzung um den Knoten herum. Die ganze, früher nur angedeutete Bogenlinie ist jetzt bis zu ihrem Ende am Primitivstreifen als *Sinus rhomboidalis* deutlich abgehoben.

Am Primitivstreifen selbst verliert zwar der Knoten an Relief, dafür sind die übrigen Abschnitte, Grube, Ebene, hinterer Teil mit tiefer Rinne, um so deutlicher geworden. Nur das Größenverhältnis der Teile ändert sich: der vordere Teil mit der Ebene ist stärker verkleinert als der hintere. Die Mündung der Sinuslinien trifft den Streifen nach wie vor in der Gegend der Ebene, meist an ihrer hinteren Grenze. Die früher so häufigen Verschiedenheiten des hinteren Streifenendes werden jetzt überhaupt kaum mehr getroffen.

Ungefähr da, wo die Neuralwülste vorn, vor dem Knoten, zum Sinus ausbiegen, erscheinen die ersten Querspalten im Mesoderm, die die *Urwirbel* voneinander trennen. Sie liegen zunächst innerhalb der Seitengrenze der offenen Neuralplatte. Unter dem vordersten Teil des Neuralorgans ist schließlich auch die hintere Grenz-, d. h. Umschlagslinie der vorderen Darmbucht zu erkennen. Gleichzeitig beginnt sich von der Kopfspitze her die endgültige Körperröhre von den Anhangsorganen, dem Dottersack und dem Amnion, abzuschnüren. Mit den Urwirbeln sind zum erstenmal nicht nur Organsysteme überhaupt, sondern auch deren ganz bestimmte Abschnitte abgegrenzt und ohne weiteres sichtbar.

Alle Teile dieses Formenbildes bleiben bis gegen das Ende des zweiten Bruttages erhalten: das Neuralrohr, das sich nach hinten in die Neuralrinne bzw. -platte fortsetzt, die Urwirbel, die Chorda, der Kopfdarm, schließlich der Sinus rhomboidalis als Gegend des Übergangs zu der als Streifen erscheinenden Primitivregion. Wohl verändert sich das Bild im ganzen sehr erheblich; die Veränderungen betreffen aber nur das Größen-

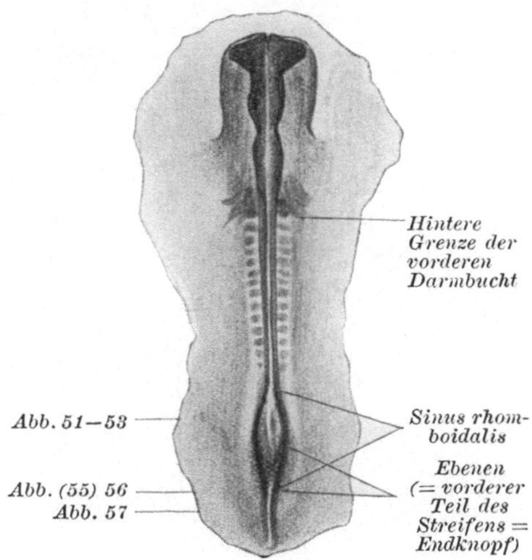

Abb. 37. Keim mit den drei primären Hirnbläschen. Lebend, neutralrot gefärbt. 14✕ vergr.

verhältnis der verschiedenen Formen zueinander und zum Teil ihre weitere Ausgestaltung (Abb. 37, 41—44).

Das Wichtigste dabei ist die Verlängerung des organisierten Teils des Keims und die Verkürzung des primitiven. Chorda und Neuralanlage werden in kurzen Zeitabständen immer länger gefunden. Innerhalb der Neuralanlage nimmt der zum Rohr aufgefaltete Teil bald einen verhältnismäßig größeren Platz ein gegenüber dem „wulstigen" Abschnitt, so

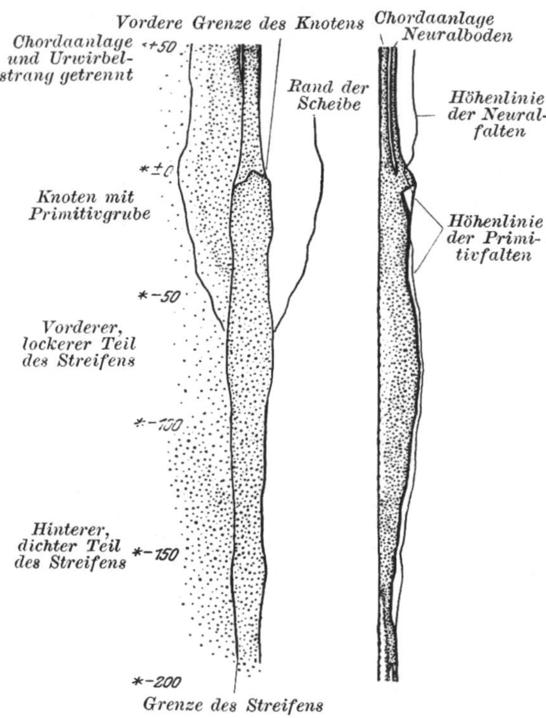

Abb. 38. M 20. Graphische Rekonstruktion des Primitivstreifens und der Gegend der Urkörpergrenze bei einem Keim mit junger Chordaanlage, noch vor der Bildung des 1. Urwirbels, älter als das Stadium der Abb. 32, jünger als das der Abb. 36. 45× vergr.

daß die jeweils hintersten, aufgefalteten Teile ihren ursprünglich großen Abstand vom Knoten allmählich verlieren. Das geht so weit, daß auch ihre Fortsetzungen, die Seitenlinien des Sinus und schließlich auch dessen hintere zusammenlaufende Schenkel bis zu ihrer Einmündung in die Primitivfalten von dieser Gestaltung mit ergriffen sind. Dabei liegen nach wie vor innerhalb des immer kleineren Sinus Chordahinterende (= Knotenvorderende), Primitivgrube und Ebene (der Streifen ist in ihrem Bereich oft auffallend dicht), hinter der Sinusspitze der hintere Teil des Streifens; dessen Rinne beginnt wieder (schmal) an der Stelle der

Sinusspitze, wird dahinter ziemlich breiter, um kurz vor dem Keimfeldrande zu verschwinden.

Das Neuralorgan gestaltet seine Abschnitte aus als primäres Vorder-,
Mittel- und Hinterhirn. Es wird mit seiner Auffaltung schmäler, und so
erscheinen die Urwirbel jetzt seitlich von ihm. Der jeweils jüngste Urwirbel liegt zunächst in der Gegend, in der der Sinus beginnt, später
weiter vorn. Die allmähliche Verlagerung der Darmbuchtgrenze nach
hinten bedeutet, daß auch der
Kopfdarm länger wird.

Die Art, wie die Urwirbel
Stück für Stück hintereinander
erscheinen — auch wie überhaupt, im Neuralorgan vor allem,
die Organsystemanlagen sich
immer weiter verlängern —,
zeigt für das Mesoderm (und
läßt für die anderen Organe vermuten), daß Abschnitt nach Abschnitt dieser Anlagen und damit des Embryonalkörpers
immer an den letzten fertigen
angesetzt wird. Der jeweils noch
fehlende Rest muß dann im
mittleren und hinteren Teil des
Sinus und im Primitivstreifen
stecken, den Formen, die sich in
ihrer dem Wesen nach stets
gleichbleibenden Gestalt an das
jüngste Stück Embryonalkörper
anschließen.

*Schnittbild der Keime mit den
ersten Urwirbeln.* Abb. 38—57.
Im Schnittbild unterscheiden

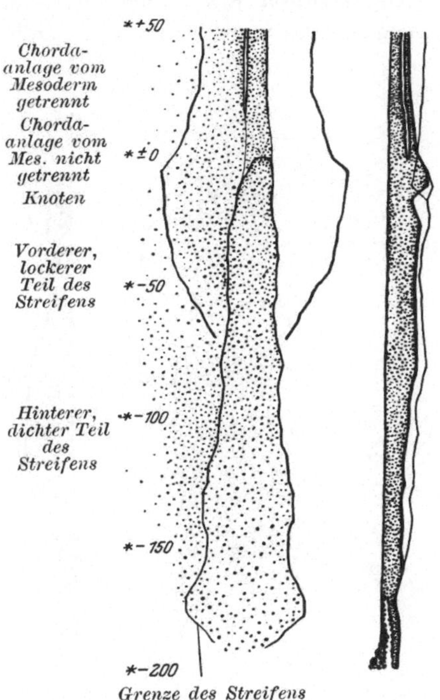

Abb. 39. M 3. Graphische Rekonstruktion des Primitivstreifens und der Gegend der Urkörpergrenze
bei einem Keim etwa im Stadium der Abb. 36.
45× vergr.

wir wie zuvor den organisierten Teil des Keims vom primitiven mit den
Schnitten +1 und —1. Die jüngeren Rekonstruktionen der Abb. 38 und
39 zeigen an dieser Stelle die Chordaanlage selbst noch in seitlicher Verbindung mit dem Mesoderm. Schon bei einem Keim mit fünf Urwirbeln (Abb. 40) fällt die sagittale Trennung der beiden Bildungen fast,
bei einem nur wenig älteren Keim (Abb. 41) ganz, mit der ±-Stelle zusammen.

Die Trennung der Chorda vom Entoderm ist, ebenso wie ihre Abspaltung vom Mesoderm, im +-Gebiet zunächst noch nicht durchgeführt. Erst bei Keimen wie Abb. 40 zeigt sich diese Trennung vorn, um

bei Abb. 41 schon fast genau mit den übrigen Ablösungen zusammenzu-
fallen. Damit ist die Chordaanlage zu einer abgegrenzten Chorda geworden, das seitliche Mesoderm zu einer, wenn auch noch nicht überall weiter
geformten, so doch ebenfalls selbständigen Materialgruppe, getrennt vom
Darm-Dotterblatt. Die Anlage des Nervensystems war ja schon vorher
einigermaßen deutlich begrenzt und wird es mit der Auffaltung seiner
Ränder immer mehr.

Organisation und weitere Gestaltung. Sein Formzustand ist (außer
diesen Abspaltungen) in erster Linie für das besondere Schnittbild des
organisierten Keim-
abschnitts wie auch
der Stelle seines Über-
gangs in den primi-
tiven maßgebend.
Diese Form hängt ab
vom Grade der be-
sonderen Gestaltung,
die wie eine Welle von
vorn her das einmal
in unserem Sinne „or-
ganisierte" Material
ergreift. Daß diese
besondere Gestaltung
etwas ganz anderes
ist als die eigentliche
Neulieferung von or-
ganisiertem Material,
das zeigt am besten
der Vergleich der
±-Stelle verschieden-
altriger Keime (Abb.
45—53). Die Welle

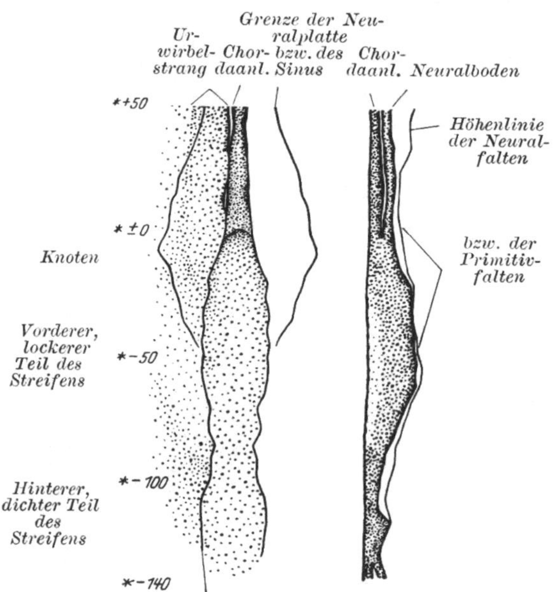

Abb. 40. M 11. Graphische Rekonstruktion des Primitivstreifens
und der Gegend der Urkörpergrenze bei einem Keim mit vier
Urwirbeln, älter als das Stadium der Abb. 36, jünger als das der
Abb. 37. 45× vergr.

der weiteren Gestaltung holt die Organisierung gewissermaßen ein, ja
überholt sie, so daß auch der seitlich vom Streifen liegende hintere Teil
des Sinus von ihr erfaßt, die vordere Hälfte des Primitivgebiets von
den schon in Ausgestaltung begriffenen Sinuswänden beschattet wird.

Abgesehen davon sind die Teile des Streifens auch jetzt ganz be-
zeichnend ausgebildet: die Grube, die Ebene, d. h. der dicke, lockere
vordere Teil und der jetzt verhältnismäßig längere hintere, mit tieferer
Rinne und innigerer Ektomeso-Entodermverbindung (Abb. 54—57) und
der endlichen Abhebung des Ektomesoderms mit dem Verschwinden
der Rinne. Daß hierin im einzelnen erhebliche Unterschiede vorkommen,
ohne daß die im großen ganzen durchgehende Gleichheit umgestoßen

würde, zeigen die Rekonstruktionen, auch unter anderem in bezug auf die Stelle der Mündung des Sinus in den Streifen.

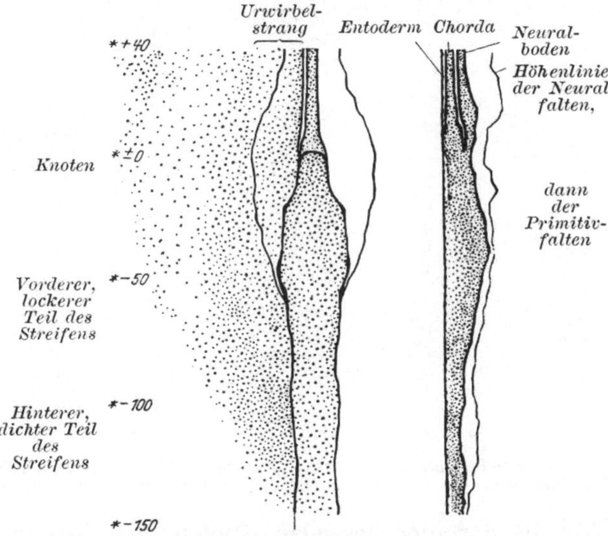

Abb. 41. M10. Graphische Rekonstruktion des Primitivstreifens und der Gegend der Urkörpergrenze bei einem Keim mit sechs Urwirbeln, älter als die Stadien der Abb. 36 und 40, jünger als das Stadium der Abb. 37. 45× vergr.

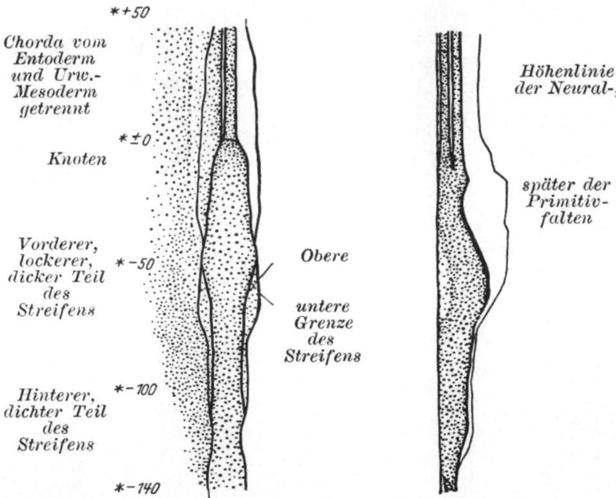

Abb. 42. M23. Graphische Rekonstruktion des Primitivstreifens und der Gegend der Urkörpergrenze bei einem Keim mit acht Urwirbeln und Vorderhirnbeulen, älter als die Stadien der Abb. 36 und 41, etwas jünger als das Stadium der Abb. 37. 45× vergr.

Die folgerichtige Weiterbildung dieser Formen zeigt sich besonders deutlich an den Rekonstruktionen der Abb. 42 und 43, auch 44. Der

Sinus ist kleiner und immer schmäler geworden, die Neuralrohrbildung
hat ihn fast ganz ergriffen; nur noch ein schmaler Schlitz ist eben so weit

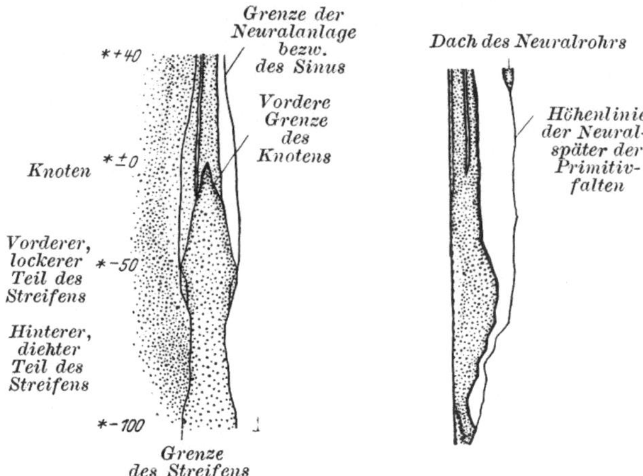

Abb. 43. M 24. Graphische Rekonstruktion des Primitivstreifens und der Gegend der Urkörpergrenze
bei einem Keim im Stadium der Abb. 37, mit 13 Urwirbeln. 45× vergr.

geöffnet, daß die darunter liegenden Knoten- und Streifenbilder als
grundsätzlich unverändert zu erkennen sind. In Abb. 43 und 44 ist die

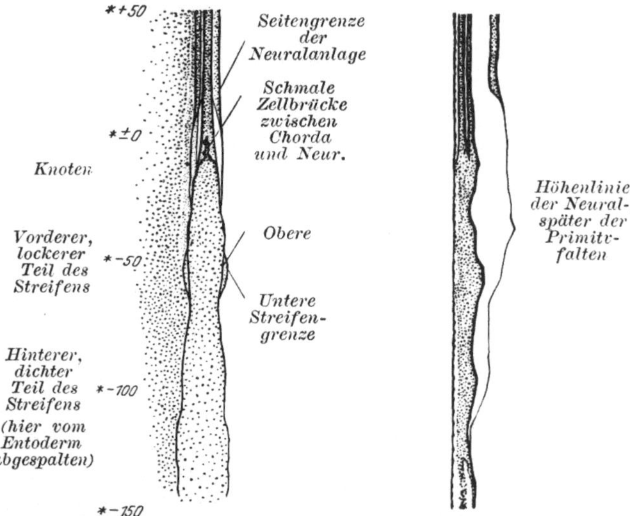

Abb. 44. M 61. Graphische Rekonstruktion des Primitivstreifens und der Gegend der Urkörpergrenze bei einem Keim mit fast geschlossenem Sinus rhomboidalis, in bezug auf *diese* Form
etwas älter als das Stadium der Abb. 37, jünger als das der Abb. 58. 45× vergr.

Trennung der Chordaanlage sowohl vom Mesoderm als auch vom Entoderm schon über die spitz nach vorn verlaufende Linie der Abspaltung

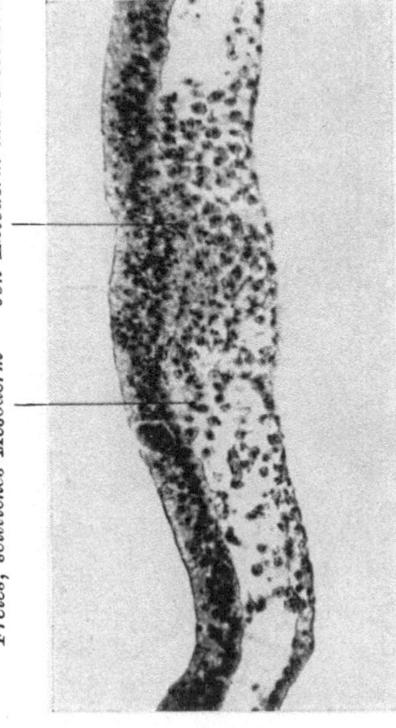

Abb. 46. M1, − 1. Vorderster Schnitt durch einen erwachsenen Primitivstreifen. Die Trennungslinie zwischen Mesoderm und Ektoderm ist durch einige Zellen überbrückt. Photo. 200× vergr.

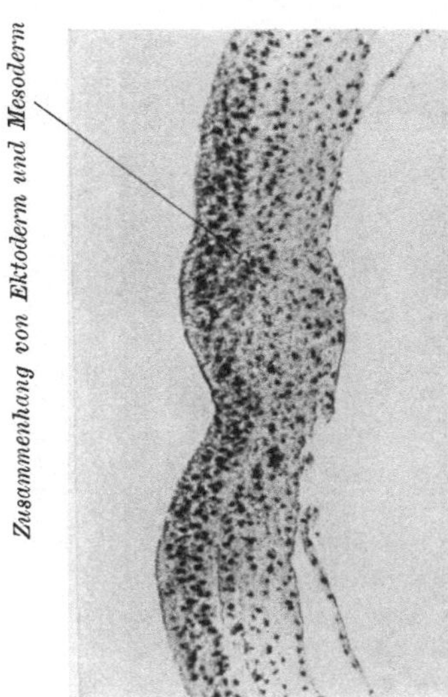

Abb. 48. M 16, − 1. Vorderster Querschnitt durch den Primitivstreifen eines Keims im Stadium der Abb. 32. Photo. 200× vergr.

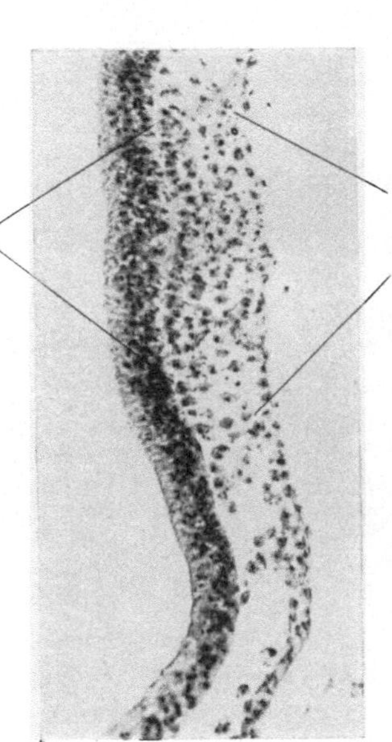

Abb. 45. M 1, + 1. Erster Schnitt vor einem erwachsenen Primitivstreifen. Zwischen Ektoderm und Mesoderm läuft eine helle Linie, die von keiner zwischenliegenden Zelle mehr unterbrochen wird. Seitlich verdicktes Entoderm (Hof). Photo. 200× vergr.

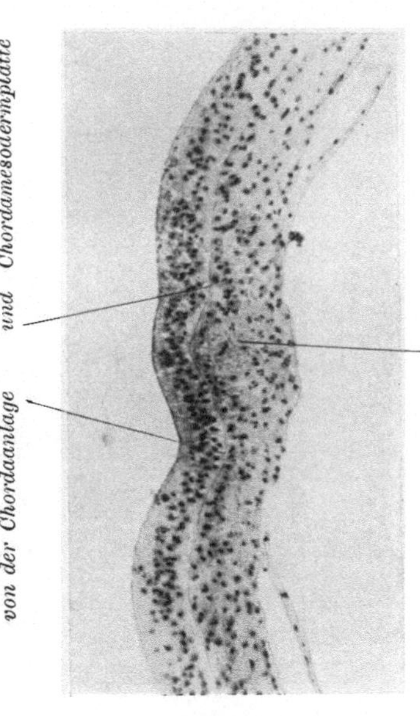

Abb. 47. M 16, + 2. Querschnitt durch den hintersten Urkörperteil eines Keims im Stadium der Abb. 32. Die Chordaanlage ist nach beiden Seiten nur durch ihre Dicke abgetrennt. Photo. 20×vergr.

R. Wetzel:

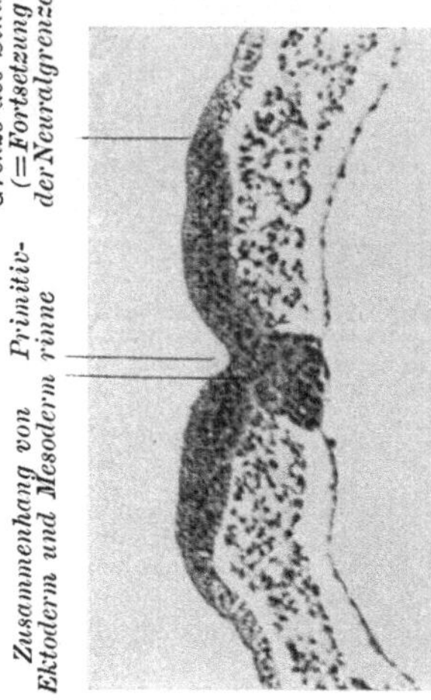
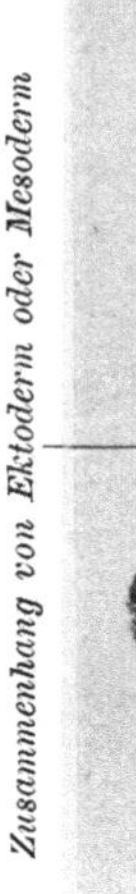

Abb. 50. M 10, −1. Vorderster Primitivstreifenquerschnitt eines Keims im Stadium der Abb. 36. Photo. 105× vergr.

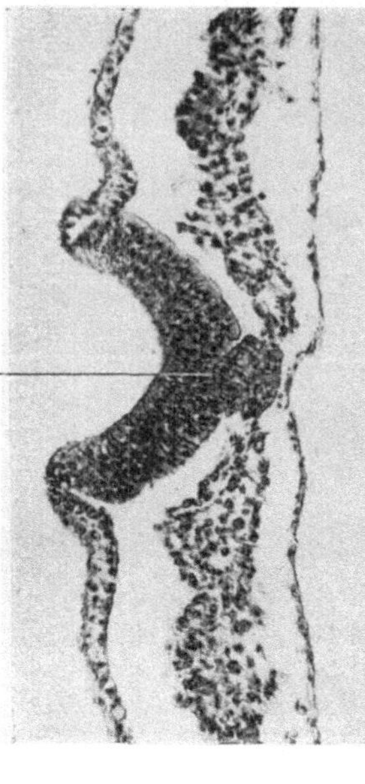

Abb. 52. M 19, −1. Vorderster Primitivstreifenschnitt eines Keims, etwas jünger als das Stadium der Abb. 37. Photo. 200× vergr.

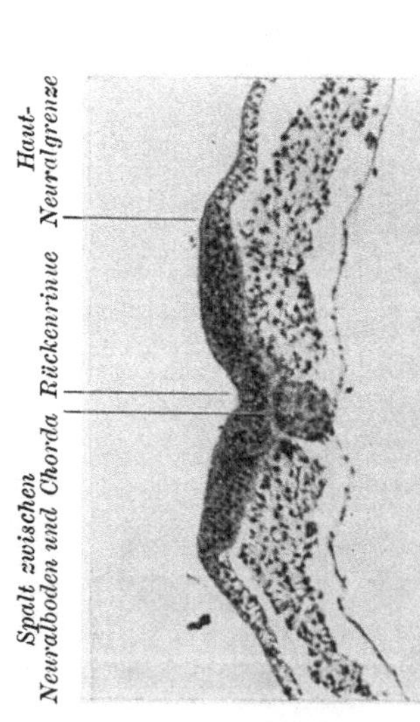

Abb. 49. M 10, + 3. Querschnitt durch einen Keim im Stadium der Abb. 36 dicht vor dem Primitivknoten. Photo. 105× vergr.
Spalt zwischen Neuralboden und Chorda

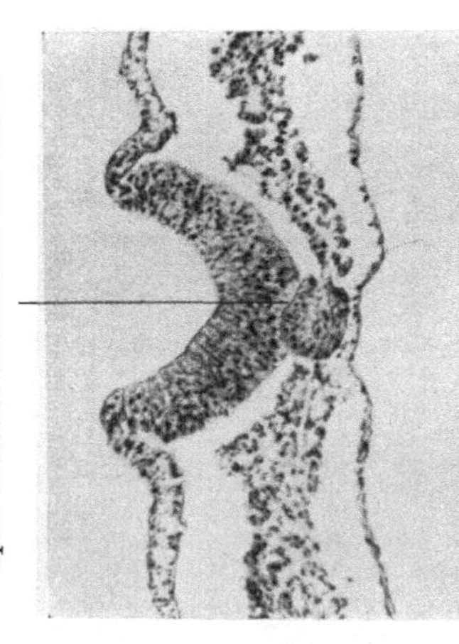

Abb. 51. M 19, + 9. Hinterer Urkörperschnitt eines Keims, etwas jünger als das Stadium der Abb. 37. Photo. 200× vergr.

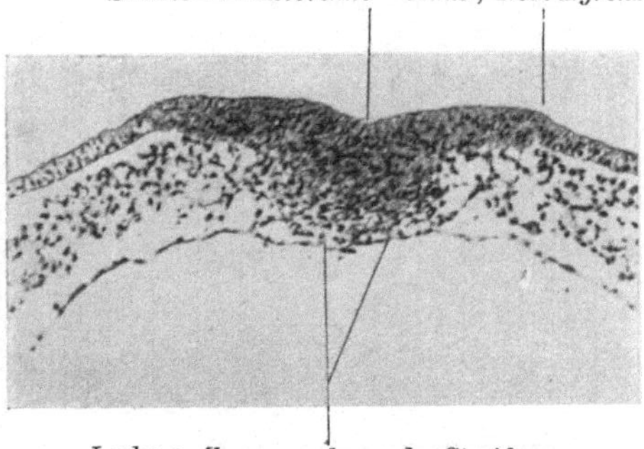

Abb. 54. M 10, −24. Querschnitt durch den vorderen Teil der „Ebene" eines Keims im Stadium der Abb. 36. Photo. 105× vergr.

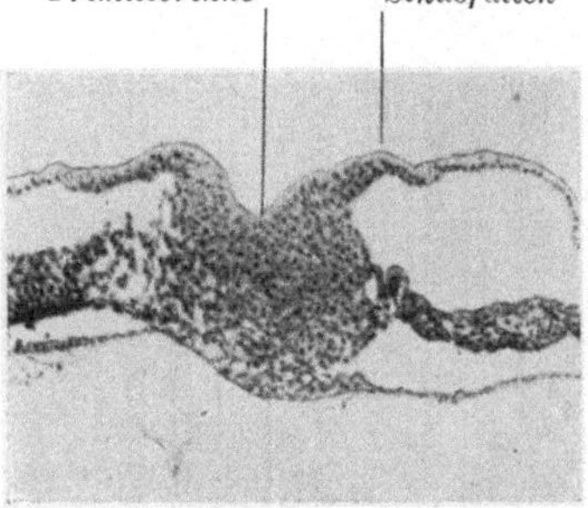

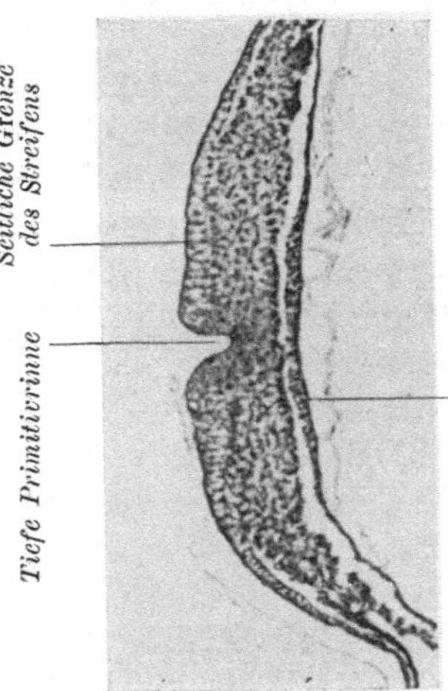

Dickes Entoderm (Abriß vom Entomesoderm)
Abb. 57. M 61, −83. Querschnitt durch den hinteren Teil des Primitivstreifens bei einem Keim im Stadium der Abb. 37. Entoderm künstlich vom Ektomesoderm abgelöst. Photo. 105× vergr.

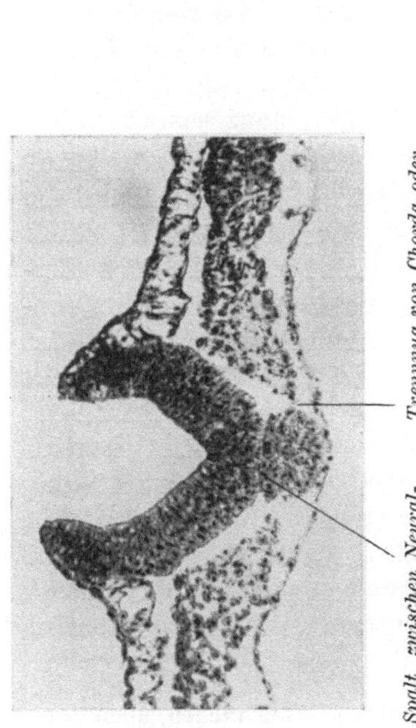

Abb. 53. M 24, +1. Hinterster Urkörperschnitt eines Keims im Stadium der Abb. 37. Photo. 200× vergr.

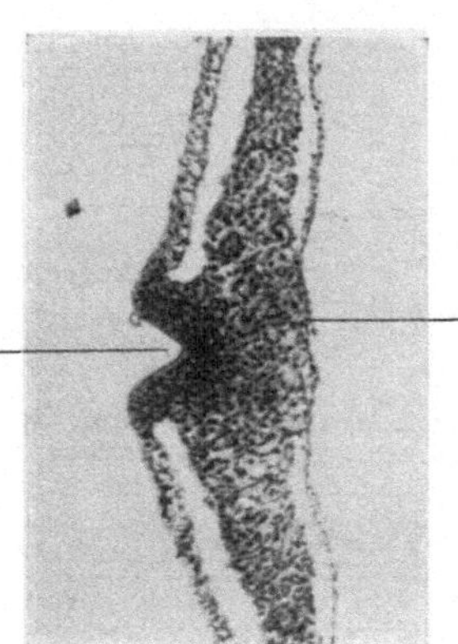

Abb. 56. M 24, −48. Querschnitt durch den hinteren Teil des Primitivstreifens, dicht hinter der Ebene, bei einem Keim im Stadium der Abb. 37. Photo. 105× vergr.

Abb. 55. M 23, −51. Querschnitt durch den hinteren Teil der „Ebene" eines Keims, etwas jünger als das Stadium der Abb. 37. Photo. 105× vergr.

vom Ektoderm hinaus nach hinten fortgeschritten. Ein eigentlicher
Knoten ist jetzt meist nicht mehr in einer Verdickung der Wucherungszone (in der Medianebene der Längsschnitte sich zeigend) ausgeprägt,
wohl aber immer noch darin, daß im vorderen Primitivgebiet (kurz hinter
± 0) das Ektomesoderm besonders dicht ans Entoderm angeschlossen ist.
Im übrigen sind auch die Bilder der anderen Streifenabschnitte in ihrer
Gegensätzlichkeit ganz ähnlich wie bisher. Nicht bei dem auch sonst nicht
ganz übereinstimmenden M 61 (Abb. 44), wohl aber in einer Reihe M 5
— 21 — 20 — 11 — 10 — 23 — 24 (Abb. 23, 33, 38, 40, 41, 42, 43) ist zu
sehen, daß die Dicke des mittel-vorderen Streifenteils (Ebene) nicht nur
immer deutlich größer ist als die des hinteren Teils, sondern auch *absolut
zunimmt.*

Flächenbild von Keimen mit Endknopf. Abb. 58, 59. Diese Verdickung
leitet, auch im Flächenbild sichtbar, den letzten Abschnitt der Formbildung ein, den wir hier betrachten
wollen, die Bildung des *Endknopfs* [1].
Während der Embryonalkörper immer
weiter in die Länge wächst und sich
von vorn her abschnittsweise ausgestaltet, führt hinten die Neuralrohrbildung gegen Ende des zweiten Bruttages vollends dazu, daß der Sinus
rhomboidalis sich ganz schließt, als
solcher also verschwindet. Der Übergang von Chorda in Knoten und der
vordere Teil des Streifens ist damit
vom Rohrschluß verdeckt. Das aller-
letzte Stück des „Neuralrohrs" entspricht also tatsächlich nicht ihm, sondern dem ehemaligen Sinus, d. h. seinem vorderen und mittleren Teil. Jetzt
sind die Zwischenformen einer Neuralplatte und -rinne überhaupt nicht
mehr zwischen Rohmaterial und Neural*rohr* eingeschaltet. Das Rohr stößt
unmittelbar an den Streifenrest, ja ragt noch in seinen eigentlichen Bereich
hinein. Die Gestaltungswelle hat den Grenzbezirk der Organisierung
bereits, soweit ihr das möglich ist, überschritten und damit das Ende
ihres raschen Laufes von vorn nach hinten gefunden; jetzt muß
auch sie warten, bis Stück für Stück der Systemanlagen ihr überliefert
wird von dem Primitivgebiet, dessen kümmerlicher Rest nun plötzlich
in neuem, wenn auch regelloserem Anschwellen wieder Material für die

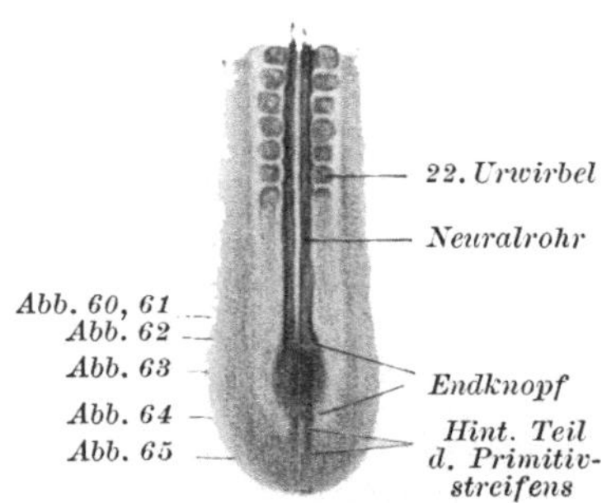

Abb. 58. Hinterende eines Keims mit 22 Urwirbeln. Endknopf. Lebend, neutralrot gefärbt, im auffallenden Licht. 14× vergr.

---

[1] Ich ziehe diese Bezeichnung den vielen anderen gebräuchlichen, auch der
des End*wulstes,* vor, da ein Wulst immer eine Längsachse hat, und zwar oft quer
zu einer irgendwie herrschenden anderen Richtung (sehr gut in diesem Sinne
„querer Hirnwulst").

noch ausstehende Bildung der hinteren Körperhälfte bereitzustellen beginnt.

Schnittbild von Keimen mit Endknopf. Abb. 59—66. Schnittbild und Rekonstruktion zeigen, daß auch dieser äußerlich so einschneidend er-

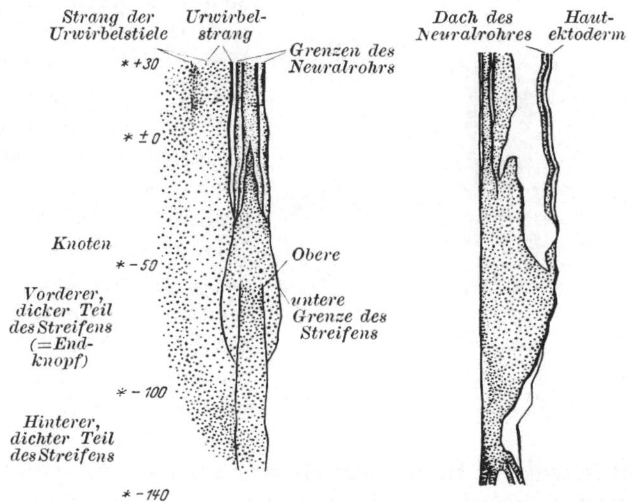

Abb. 59. M 26. Graphische Rekonstruktion des Primitivstreifens und der Urkörpergrenze bei einem Keim mit gerade eben geschlossenem Sinus, mit jungem Endknopf, im Stadium der Abb. 58. 45× vergr.

scheinende Zustand sich zwanglos an die nächstjüngeren Bilder anschließt. Auch hier trennen sich Chorda und Neuralorgan ganz endgültig schon weiter vorn als Chorda und Mesoderm bzw. Entoderm. Chorda und Neuralrohr sind schon hinter der Stelle ihrer endgültigen Abgrenzung (von etwa —30 an) so deutlich geformt und hängen nur mehr durch so wenige Zellen zusammen, daß allein nach diesen ältesten Stadien wohl unsere Wahl der ±-Grenze

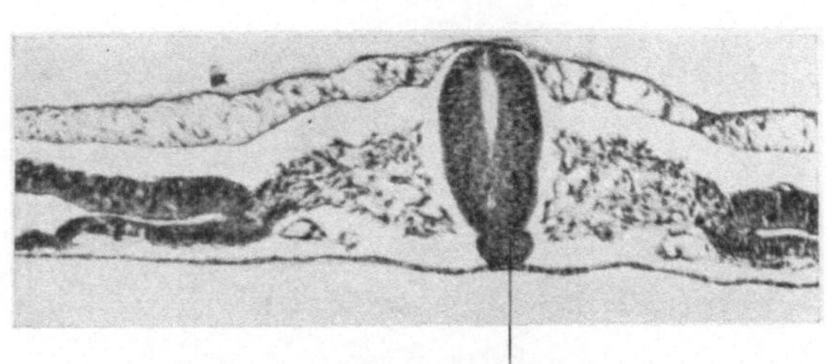

Abb. 60. M 26, +3. Querschnitt eines Keims im Stadium der Abb. 58 dicht vor der Urkörpergrenze, also erheblich vor dem äußerlich sichtbaren Endknopf. Photo. 105× vergr.

etwas gezwungen erscheinen müßte (Abb. 61); als einzige wirklich fest faßbare Trennung und in ihrer oben gegebenen Begründung muß sie vollends beibehalten werden. Doch drücken wir uns jetzt wohl besser so aus, daß nun die entscheidende Ekto-Mesodermtrennung in einem schmalen (ja auch

schon an den nächstjüngeren Keimen sichtbaren) Mittelstreifen hinter der
gesamten Organisationsgestaltung nachhinkt. Von einem Primitivbezirk,
der dem eigentlichen Primitiv*knoten* entspräche, kann jedenfalls erst die
Rede sein, wenn bei — 30 das Ektoderm wirklich breit in ein medianes Me-
soderm übergeht, das auch mit dem Entoderm und bald dahinter mit dem seitlichen Mesoderm fest verbunden ist. Es folgt ein ziemlich langer Primitivabschnitt von steigender Dicke; er entspricht, rein formal mit den vorhergehenden Bildern verglichen, dem vorder-mittleren Teil des Streifens mit der Primitivgrube und der Ebene (Abb. 62), also den Sinusteilen des Streifens, und liegt größtenteils noch innerhalb der Falten, die dorsal das

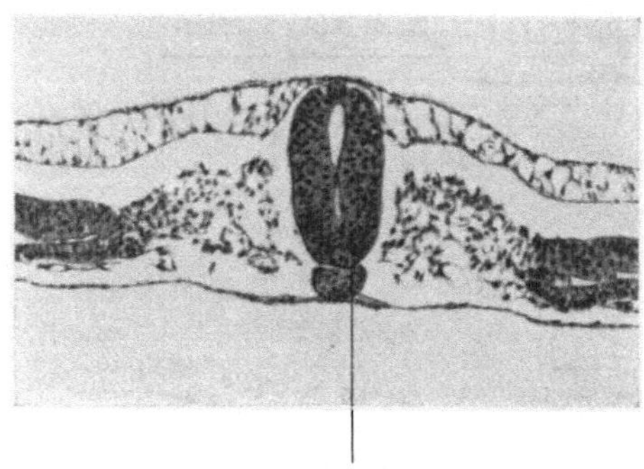

Enge Brücke vom Neuralrohr zur Chorda.

Abb. 61. M 26, — 4. Querschnitt durch das vorderste
„Primitivstreifen“gebiet eines Keims im Stadium der
Abb. 58. Photo. 105× vergr.

Neuralrohr fortsetzen. Hinter dem hinteren Ende dieses Rohrabschnitts
ist der Streifen besonders dick (Abb. 63), um dann rasch zu einem
dünnen hinteren Teil abzufallen, der wieder eine ausgeprägte Primitivrinne zeigt (Abb. 64). Der Unterschied der Dichte im vorderen gegen-

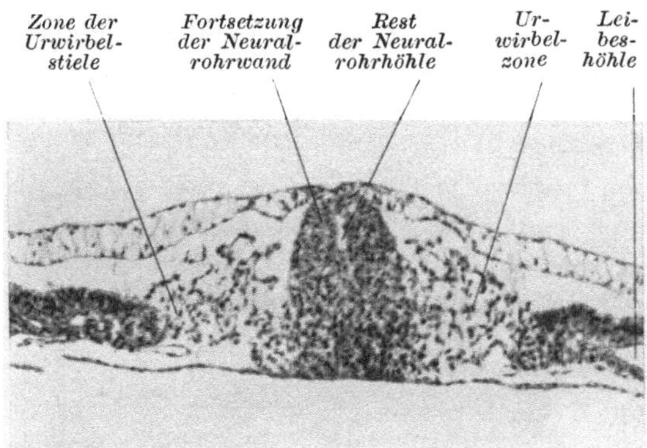

Abb. 62. M 26, — 37. Querschnitt durch den vorderen Teil des Endknopfs bei einem Keim im
Stadium der Abb. 58. Photo. 105× vergr.

über dem hinteren Streifenabschnitt ist nicht mehr so deutlich wie
früher, vor allem ist vorn die Verbindung mit dem Entoderm fast überall
so innig wie im hinteren Teil.

Mesoderm und Primitivstreifen. Dieser hintere Teil ist in seiner jetzi-
gen Form nur im Zusammenhang mit dem seitlichen Mesoderm zu

verstehen, über das erst jetzt, im Rückblick vom Endknopfstadium aus, einiges zu sagen wäre (Abb. 21, 32, 36, 37, 58; 22, 23, 33, 38—44, 59).

Schon vor dem Erscheinen der Chordaanlage zeigt die Rekonstruktion der Abb. 22, daß die Besonderheit des dichteren hinteren Primitiv-

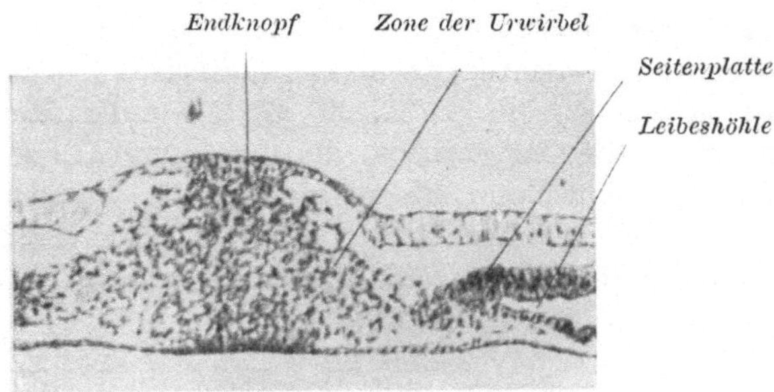

Abb. 63. M 26, — 63. Querschnitt mitten durch den Endknopf eines Keims im Stadium der Abb. 58. Photo. 105× vergr.

streifenteils sich auch nach beiden Seiten insofern verfolgen läßt, als hier das Mesoderm noch eine Strecke weit dichter ist als das an den vorderen Teil des Streifens anschließende. Die Grenze der Mesodermbezirke ist recht unbestimmt, verläuft aber sicher in einem gegen vorn konkaven Bogen. Nach dem Erscheinen der Chordaanlage ist dieses Verhältnis weiterhin zu erkennen: immer hängt dichteres, im Bogen nach vorn sich

unscharf abgrenzendes Mesoderm mit dem hinteren Teil des Streifens zusammen, der auf der Medianrekonstruktion durch seine geringe Dicke und den dichten Anschluß ans Entoderm, äußerlich durch die tiefere Primitivrinne bezeichnet ist (Abb. 33, 38). Die fortgeschrittenen Stadien der Abb. 39, 40, 41

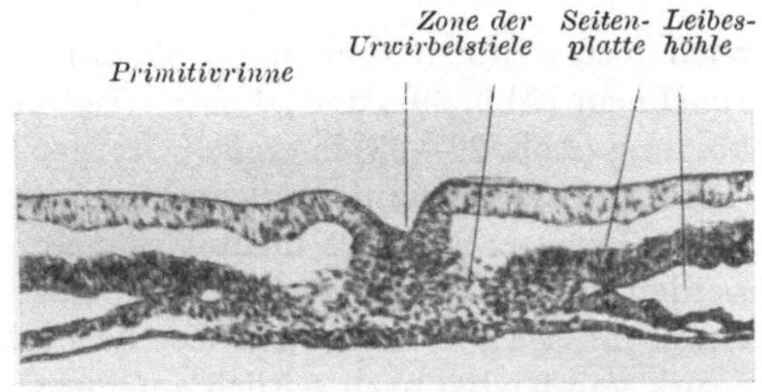

Abb. 64. M 26, — 98. Querschnitt durch den hinteren Teil des Primitivstreifens kurz hinter dem Endknopf, bei einem Keim im Stadium der Abb. 58. Photo. 105× vergr.

lassen, wenn auch verschieden deutlich, schon erkennen, daß es sich in diesem dichteren Mesoderm um die unmittelbare Fortsetzung des Mesoderms handelt, das anschließend an die Zone der Urwirbel die dichte Zone der Seitenplatten bildet. Diese Seitenplattenzone biegt ungefähr parallel zu den Linien des Sinus, aber *seitlich* von ihnen, aus und mündet *hinter* ihnen in den Streifen ein. Die Zone der Urwirbel ist damit ebenfalls abgegrenzt und mündet in den vorderen und mittleren

Teil des Streifens. Dabei hängt wiederum die Chorda mit dem Knoten,
ein dichter, medialer Teil der Urwirbelzone mit dem auch noch dichten,
anschließenden Teil des Streifens zusammen, während ein lockerer seitlicher
Teil in den (erstaunlich langen!) lockeren vorder-mittleren Streifenabschnitt übergeht. Mit dem Fortgang der Betrachtung unserer
Formenreihe über die Keime der Abb. 42, 43, 44 werden diese Verhältnisse immer deutlicher, um schließlich in Abb. 59 ganz klar ausgebildet zu sein — nicht klarer übrigens, als sie in jedem guten Flächen-
präparat zu sehen (Abb. 21, 32, 36, 37, 59) und z. B. bei Duval abgebildet sind. Offenbar variieren die Größenverhältnisse der verschiedenen Streifen- und damit Mesodermabschnitte sehr stark; es ist aber
doch deutlich, wie vom Stadium der Abb. 33 bis zu dem der Abb. 41 der
lockere Teil des Streifens unverhältnismäßig stark an Länge einbüßt, um

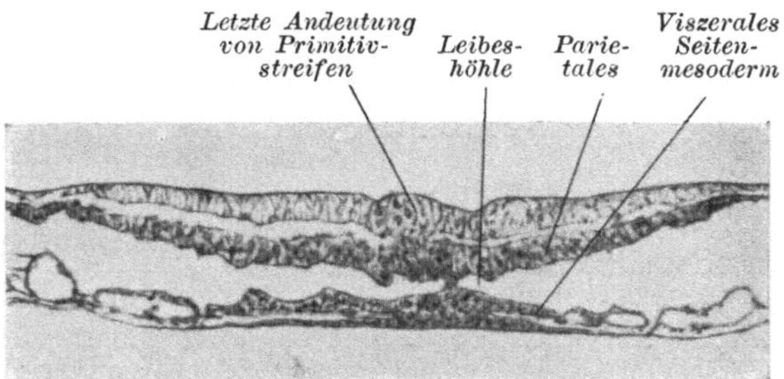

Abb. 65. M 26, —121. Querschnitt hinter dem Hinterende des Primitivstreifens bei einem Keim im
Stadium der Abb. 58. Photo. 105× vergr.

nach noch weiterer Abnahme (Abb. 43) im Endknopfstadium wieder zu-
zunehmen (Abb. 59); der „dichte" Teil bewahrt dabei nach erster Verkürzung (Abb. 22—33) in großen Grenzen seine Länge, um dann erst mit
dem Endknopfstadium ganz erheblich vermindert zu erscheinen. Unsere
kleine Formenreihe läßt nicht viel mehr erkennen (auch die Versuche
werden, soviel sei hier vorgreifend bemerkt, gerade hier große Lücken
lassen müssen!) — sicher ist aber doch, daß die im organischen Keimbezirk von medial nach seitlich aufeinander folgenden Mesodermbezirke
durch alle Stadien hindurch erkennbar bleiben und sich hintereinander im Bogen in den Streifen hinein fortsetzen [1]. Ganz deutlich ist
dies erst im Endknopfstadium, in dem die besondere Gestaltung auch

---

[1] Unter Kopffortsatz wird in der Literatur zum Teil nicht nur die Chordaanlage, sondern auch das seitlich anschließende Mesoderm verstanden (Chorda-
mesodermplatte Vogts). Während nun „Fortsatz" in bezug auf den Knoten
und den Mittelstrang der Chorda einen Sinn hat, ist ja — formal! — das seitliche Mesoderm tatsächlich der Fortsatz hinterer Teile des Streifens. Seine Abgrenzung mit der ±-Linie ist also durchaus unorganisch — noch ein Grund, die
alte Bezeichnung Kopffortsatz ganz fallen zu lassen.

des Mesoderms ins —-Gebiet hinein fortgeschritten ist und vor allem
die Seitenplattenzone bis dicht an den Streifen hin erkennen läßt.
Eine Zone der Urwirbelstiele ist auch erst jetzt besonders zu unterscheiden; sie geht schon vor der Höhe der $\pm$-Grenze in dem lockeren,
seitlichen Teil des Urwirbelstranges auf. Die Gestaltung der Seitenplatten geht so weit, daß sie nun nicht nur seitlich vom organisierten *und*
vom primitiven Keimgebiete, sondern auch hinter ihm (Abb. 65, 59),
also rings um den Keim herum, in die beiden Leibeshöhlenblätter auf-
gespalten sind.

Hinteres Körperende (HOLMDAHL). Mit der Endknopfbildung ist ein neuer
Abschnitt der Formbildung eingeleitet. Seine Anschwellung bezeichnet den Ort,
an dem die „Schwanz"knospe, richtiger Rumpfschwanzknospe, entsteht der
kleine hintere Primitivstreifenabschnitt wird sich bald nach unten umschlagen;
die Aftermembran wird sich in seinem Bereich bilden. Das endgültige hintere
Körperende ist damit fest bezeichnet, ebenso der Endknopf als die umschrie-
bene Materialquelle für alle noch nicht organisiert angelegten Teile der Körpers.
Das ist, wie HOLMDAHL in seinen sehr eingehenden Untersuchungen ausgeführt
und auch im Experiment klar bewiesen hat, auf die Wirbelsäule bezogen, der
Lenden-, Kreuz- und Schwanzteil, nicht etwa nur der Schwanz. Nach HOLMDAHL
bedeutet die beginnende neue Entwicklungszeit auch eine grundsätzliche Umgestaltung der *Art, wie* die Anlagen sich ausbilden: nicht mehr aus den Keimblättern heraus werden die Formen, etwa des Neuralorgans, als Platte, Rinne,
Rohr langsam modelliert, sondern sie sprossen sozusagen schon fertig aus der
indifferenten Masse des Endknopfs, später der „Knospe". Wenn ich auch
schon nach meiner Formenreihe keinen grundsätzlichen Gegensatz zwischen
den Übergangs- und den Primitivformen vor und nach der Endknopfbildung
sehen kann (siehe vor allem die Reihe der medianen Rekonstruktionen!), und
wenn ich auch in dem Wegschreiten der besonderen Gestaltung über die
Bildung organisierter Formen hinaus nicht das Wesentliche der beschriebenen
Formänderungen sehe, so ist doch zuzugeben, daß äußerlich ein deutlicher
Gegensatz zwischen der Zeit vor und nach der Endknopfbildung besteht. Zum
Teil ist der Gegensatz im einzelnen wohl auch wirklich grundsätzlich, z. B. in
der Bildung des Cöloms, das jetzt nicht mehr aus den Seitenplatten entsteht,
sondern sich nur mehr durch einen Spalt aus dem schon gebildeten Cölom
heraus in die neu zu bildenden Körperteile hinein fortsetzen kann. Im übrigen
seien HOLMDAHLs Untersuchungen, die ich weitgehend werde bestätigen können,
eingehend erst nach meinen Farbversuchen besprochen.

Zusammenfassung. Bisher sollte die formgeschichtliche Grundlage für
eine experimentelle Untersuchung der Materialgeschichte geliefert und
dabei vor allem die räumliche Grenze festgestellt werden, von der ab das
Material der wichtigsten Körpersysteme durch die Abgegrenztheit und
überhaupt die Besonderheit der äußeren Form seine Bestimmung ohne
weiteres erkennen läßt — im Gegensatz zu den Formen, die dazu einer
künstlichen Kennzeichnung bedürfen.

Wir haben diesen Gegensatz in unserer $\pm$-Grenze auf einen einzigen
Querschnitt bezogen und zugespitzt auf die Bestimmung „Zusammenhang von Ektoderm und Mesoderm = primitiv" gegenüber der „Tren-

nung von medianem Mesoderm bzw. Chorda und Neuralorgan = organisiert". Wenn wir von den erwähnten kleineren Überschneidungen absehen, so liegt vor dieser Grenze stets das Keimgebiet, in dem die epithelialen Anlagen der Hauptsysteme so umgrenzt nebeneinander bestehen, daß sie gerade jetzt (Abb. 66), vor der nachträglichen Wiedervermischung der Elemente, am reinsten in ihrer endlichen Bedeutung gefaßt und als Material für Haut und Amnion, Neuralorgan, Darm- und Dottersack, Chorda und seitliches Mesoderm (Körperinneres) bezeichnet werden können [1]. Die Benennung „Material" gilt mit der Einschränkung, daß, ausgenommen das Mesoderm, nur die funktionell wichtigsten Grundbestandteile der Organe, das Darm*epithel* z. B., darunter verstanden werden.

Die weitere Ausgestaltung dieser Anlagen wird uns hier nicht beschäftigen, sondern nur die Entstehung ihrer jeweils jüngsten Ab-

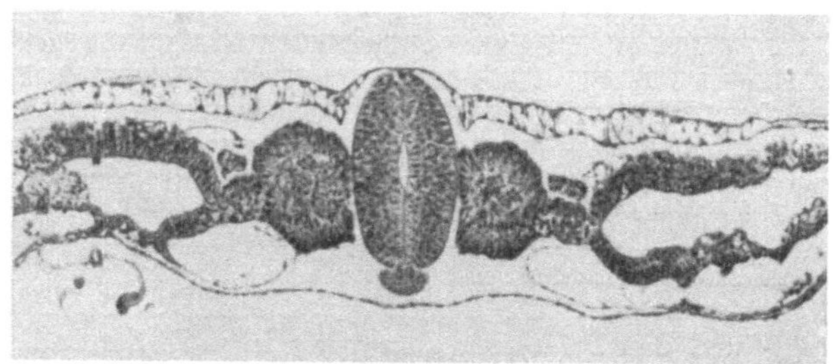

Abb. 66. M 26, +116. Querschnitt durch ein Stück typischen Urkörpers bei einem Keim im Stadium der Abb. 58. Photo. 105× vergr.

schnitte. Damit gilt unsere Aufmerksamkeit vor allem der mit —1 beginnenden Primitivseite des Keims, die das Material für die noch fehlenden Körperteile enthalten muß (vgl. Abb. 45—53).

Hier fällt uns trotz aller Verschiedenheit der einzelnen Bilder die Gleichartigkeit sowohl der Übergangsstellen als auch der Abschnitte des Primitivgebiets auf. Sie läßt sich nicht nur in ganz groben Zügen über die ganze Zeit der ersten Organisation, sondern auch noch nach rückwärts bis in jüngere und jüngste Stadien des Primitivstreifens verfolgen; sie erweckt von vornherein schon Zweifel, ob die „Wellen"- oder, um in einem anderen Bilde zu reden, Flammennatur (am Zündholz fortschreitend!) der Umwandlung des Primitivstreifens wirklich besteht, ob GRÄPER mit

---

[1] Das Blut- und Gefäßsystem ist nicht gesondert berücksichtigt. In den genannten Anlagen muß es irgendwie inbegriffen sein — wo, ist bis heute noch nicht sicher und wird sich erst im Experiment entscheiden. Außerdem haben vorläufige Operationsversuche eine so große biologische Selbständigkeit der Blut- und Gefäßbildung gegenüber dem zentralen Keimgebiet ergeben, daß sich die Abtrennung auch hierin begründen kann.

seiner Ansicht darüber recht hat, ob KOPSCH auf Grund seiner Versuche im Primitivstreifenmaterial *abschnitts* weise von vorn nach hinten das Material der Körperabschnitte sehen darf — ob der Streifen nicht vielmehr während seiner (ganz unzweifelhaften) Aufarbeitung sich in allen seinen Teilen homolog bleibt, den hinteren sogut wie dem vorderen?

In solchem Zweifel an der abschnittsweisen Gliederung des Primitivmaterials, parallel der des segmentierten Embryonalkörpers, kann uns noch etwas anderes bestärken, was zugleich als eine Unzulänglichkeit der $\pm$-Grenze gebucht werden muß: Der Querschnitt kann durchaus keine genaue, natürliche Trennungsebene zwischen „organisiert" und „nicht organisiert" sein. Er bezeichnet nur die Höhe, in der die Materialbezirke bis zur *Medianlinie* getrennt sind. Schon vor dem Erscheinen der Chordaanlage besteht kein Grund, das *seitliche* Gebiet der Scheibe und des vorderen freien Mesoderms mit dem Querschnitt $+1$ nach hinten abzuschließen. Die als solche klar erkennbare Fortsetzung der seitlichen Grenzen der Neuralanlage in die Sinuslinien zeigt erst recht deutlich, daß seitlich von der Medianlinie auch *hinter* der $\pm$-Grenze schon Neuralmaterial sich zu gestalten beginnt. So ist es durchaus verständlich, wenn OSKAR HERTWIG bei seinen Querschnittsbildern davon redet, daß die Neuralrinne „noch" eine Strecke weit mit der Chorda und sogar dem Primitivstreifen zusammenhänge — derselbe Fall, den ich so beschrieb, daß sich am Primitivgebiet „schon" die Gestaltung der seitlichen Neuralfalten zeigt. Man mag die HERTWIGsche Ausdrucksweise benutzen oder die Gründe anerkennen, die ich für die meinige angeführt habe — sicher ist in jedem Fall, daß sich die besonderen Formen des $+$- und des $-$-Gebiets nicht durch eine Querebene trennen lassen. Der Querschnitt ist also für das Primitivgebiet *nicht so organisationsgemäß*, wie wir es für das vordere Embryonalgebiet wohl mit Recht annehmen. Es ist im übrigen unmöglich, formal im $-$-Gebiet Primitives von Organisiertem ganz scharf zu trennen und gar die Bedeutung des einen für das andere zu bestimmen und ebenso unmöglich, den Querschnitt als Aufschlußebene zu ersetzen. So muß es denn trotz allen Einschränkungen bei unserer Grenzbestimmung bleiben.

Benennung. Wir haben bisher üblicherweise und ohne Bedenken dem Primitivgebiet des Keims im ganzen wie im einzelnen immer denselben Namen gegeben; es war vom Primitivknoten die Rede, vom Streifen, von der Grube, der Ebene, dem vorderen und hinteren Teil, ohne Rücksicht darauf, daß es sich nur um eine rein formale Ähnlichkeit der gleich benannten Teile verschiedenaltriger Keime handelte und daß nicht nur die Größenunterschiede solcher „gleich" bleibenden Formen, sondern auch viele Beobachtungen früherer Untersucher längst wahrscheinlich gemacht haben, daß das formal Gleiche oder Ähnliche in gewisser Beziehung materiell verschieden sein könnte. Es müßte nicht etwa die zitierte Formwelle sein, die einen Teil des schon „richtig" gruppierten, ruhenden

Materials nach dem anderen ergreift — auch allein die seit KOPSCH feststehende Verwendung von Primitivmaterial beim Neubau des Embryonalkörpers entnimmt ja doch dem Streifen ständig Material und hinterläßt einen in seinem Materialbestand immer weiter wechselnden Rest.

Urkörper. Abb.48—53. Das Recht zu gleicher Benennung grundsätzlich gleicher Formen möchte ich nun auch in Anspruch nehmen für den *jeweils* hintersten, an das Primitivgebiet anschließenden, organisierten Teil des Keims. Ich nenne ihn Urform des Körpers oder *Urkörper*, ohne Rücksicht darauf, welchen *Abschnitt* des Embryonalkörpers er bildet, zu welchem Teil des erwachsenen Körpers er werden wird. Es soll damit zum Ausdruck kommen, daß in einem so benannten Querschnitt [1] die Organsysteme des fertigen Körpers im Gegensatz zum Primitivgebiet in größeren Gruppen voneinander getrennt sind als epitheliale Materialbezirke, deren Lageverhältnis den *Typus des Wirbeltierkörpers* ausmacht (Schulbeispiel Abb.66, 67. S. a. S. 222f., 239f.) Die Bezeichnung nimmt keine Rücksicht auf den grundsätzlich erst in zweiter Linie wichtigen Ausbildungszustand der Organanlagen — sie ist nichts anderes als eine Benennung für unser bisheriges +-Gebiet und unterliegt auch den Beschränkungen, die wir verschiedentlich für die ±-Grenze machen mußten [2].

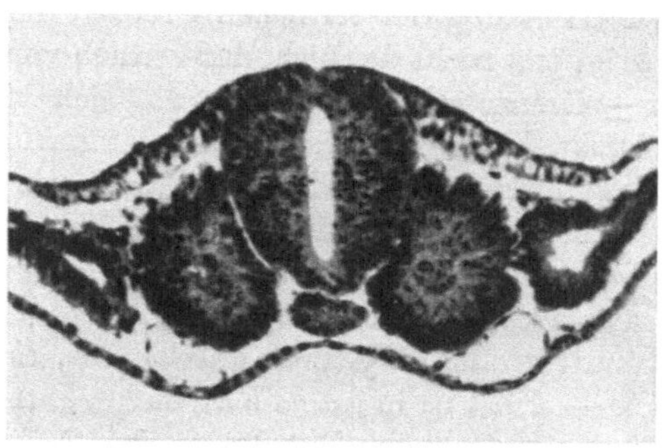

Abb. 67. M 43. Urkörper. Photo. 200× vergr.

System der Urformen. Urkörper haben wir einen Querschnitt genannt, in dem *irgend* ein Abschnitt des Körpers seine erste typische Organisationsform, seine Urform, erreicht hat, und wir haben dabei den besonderen Zustand der Bestandteile des betreffenden Querschnittbildes nicht berücksichtigt. Auch auf sie ließe sich der Begriff der Urform weiterhin anwenden. So ist die Urform des Neuralorgans das Rohr, die Form, mit deren Bildung die typische Lagerung der Teile, das Wesentliche der Endform, erreicht ist, um — wenn auch ausgestaltet und viel-

---

[1] Der genau genommen durch die im allgemeinen weggeschnittenen Teile des gesamten Eiumfangs ergänzt zu denken wäre.

[2] Nach dem, was oben bei der Besprechung des Endknopfes gesagt wurde, braucht nicht mehr betont zu werden, daß der Gegensatz von Urkörper und Primitivgebiet begrifflich auf ganz anderer Stufe steht als HOLMDAHLs Unterschiede zwischen primärer und sekundärer Körperentwicklung. Bei HOLMDAHL handelt es sich um die Art der Bildung und um die Bedeutung des Materials, bei mir bisher ausdrücklich nicht darum, sondern um reine Formgegensätze verschiedener Teile verschiedenaltriger Keime.

leicht verwischt — doch nie wieder grundsätzlich umgestoßen zu werden. Neuralplatte, -rinne, geschlitztes Rohr können in dieser Richtung *Vorformen* [1] genannt werden. „Urkörper" aber kann, ohne die Grenzen seiner Begriffsbestimmung zu überschreiten, Vorformen wie auch die Urform des einzelnen Organs aufweisen; denn auch die Vorform „Neuralplatte" ist ja schon abgegrenzt (Abb. 68, 69). Ebenso ist es mit der Chordaurform, die erst in einem runden, von der Umgebung ganz gelösten Strang mit besonderer Anordnung der Zellen gegeben ist, in unserem ersten Querschnitte vor dem Knoten aber anfangs in einer weniger ausgebildeten Form erscheint. Die Epithelien des Haut- und Amniongebiets sind erst mit der Abfaltung des ganzen Embryonalkörpers in ihren Grundformen Hautschlauch und Amnionsack festgelegt, das Darm-Dottersystem erst, wenn Kopf- und Schwanzdarm von einem schmalen Dottersackstiel abgefaltet sind. Beide Systeme aber sind in ihrer Lage

und Abgegrenztheit als ganze Bezirke, als ventral inneres Ernährungs- und als dorsal äußeres Bedeckungsorgan genügend scharf als Urkörperbestandteile gekennzeichnet, lange bevor sie ihre eigene Urform erreichen. Wenn die besonderen Urformen der genannten Systeme schon eine Beziehung zur Form und auch Funktion der endlichen Organe zeigten, so ist dies nur beim Mesoderm nicht der Fall. An ihm,

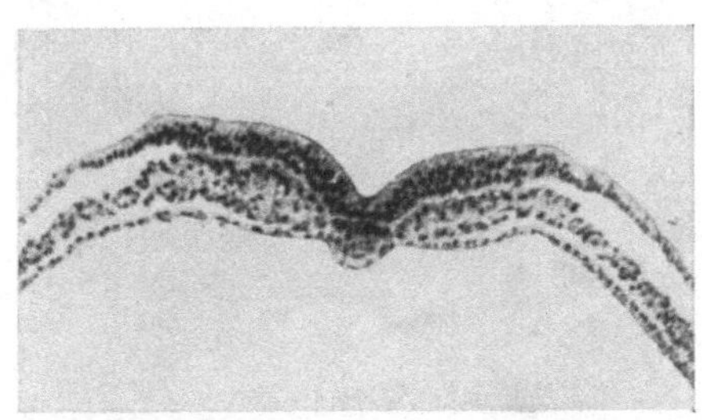

Abb. 68. M 3, + 30. Querschnitt durch einen Keim im Stadium der Abb. 36. Urform des Körpers, Vorform des Neuralorgans und des seitlichen Mesoderms. Photo. 105× vergr.

dem Sammelmaterial für alle Organe des Körperinnern, ist (abgesehen von der Abspaltung der Chorda) das Typische der ersten Gestaltung allein die Lage, und erst lange nach der Abgrenzung im ganzen könnte im einzelnen von Urformen der Organe gesprochen werden.

Ausgestaltung. Wenn wir so die untere, d. h. hintere, Grenze irgendeiner Urform bestimmen, soll auch noch ein Anhalt für eine obere, vordere, Grenze gesucht werden, von der ab die Urform ihrerseits bedeutend verändert ist. Diese Grenze ergibt sich dadurch, daß sich in weiterer *Ausgestaltung* die in der Urform getrennten Epithelanlagen in verschiedenen Abschnitten besonders formen und daß sie sich in ganz bestimmter und auf den Grundriß beziehbarer Weise verbinden, dessen Besonderheit damit zum Teil aufheben. So ist es eine Ausgestaltung des Neuralrohrs, wenn sich die Hirnabschnitte bilden, Ausgestaltung des Neuralorgans und ebenso des Hautektoderms, wenn sich Augenbecher

---

[1] In bezug auf den ganzen Körper könnte der Primitivstreifen mit seiner seitlichen Umgebung als die Vorform gelten.

und Linse anlegen und, nebenbei bemerkt, in ihrer Vereinigung die Urform des Auges bilden (Abb. 69). Das Merkmal für die beginnende Ausgestaltung in einem ganzen Körperquerschnitt ist die Mesenchymbildung
durch Seitenplatten und Urwirbel, die die epithelialen Bestandteile des
Körpergrundrisses nicht mehr grundsätzlich verlegt, wohl aber indiffe-
rent vereinigt (Abb. 70). Der nach der Urkörperbildung wichtigste
Schritt auf dem Wege zur endgültigen Körperbeschaffenheit ist damit getan. „Urkörper" ist nach einer solchen Begriffsbestimmung *jeweils das
Stück Embryonalkörper,* das die Organsystemanlagen *schon* typisch getrennt und *noch nicht* mesenchymatös verbunden zeigt; der Ausdruck bezeichnet eine Form, die bis zur Zeit des Endknopfes und darüber hinaus alle Abschnitte des Körpers einmal, aber immer nur wenige gleichzeitig, durchlaufen. Einige Zeit nach der Endknopfbildung ändern sich die Verhältnisse insofern, als jetzt Urkörper nur noch unmittelbar im „ausgestalteten" Zustand gebildet wird; d. h. aus der Rumpf-Schwanzknospe entstehen Anlagen von Körperabschnitten, die schon von vornherein die Hauptorgane

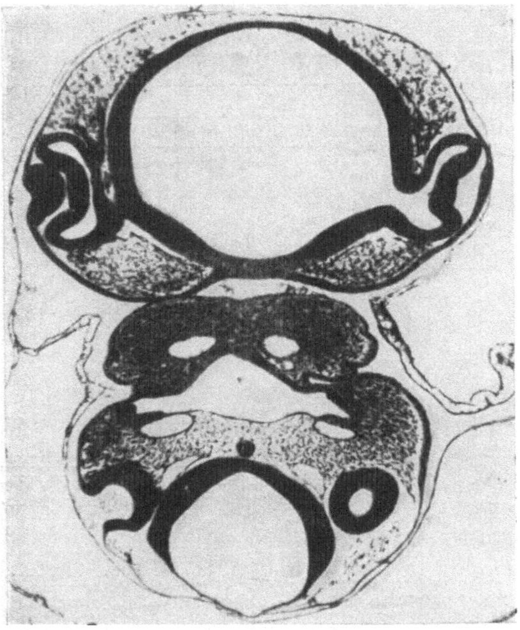

Abb. 69. M 33, + 306. Unten: Urform des Neuralorgans (Rohr)
und Ausgestaltung des Körpers. Oben: Ausgestaltung des
Neuralorgans und Hautektoderms; Urform des Auges. Photo.
70✕ vergr.

in ein Mesenchym eingebettet zeigen, das unmittelbar mit dem formal
ähnlichen Zellhaufen der Knospe zusammenhängt, ohne das Zwischen-
stadium der rein epithelialen Anlagenpakete zu durchlaufen. Auch das
könnte man auf die zunächst rein beschreibende und eigentlich nichts-
sagende Formel: „Übergreifen der Gestaltungswelle auf das Primitivgebiet, das Bildungsmaterial", bringen.

Weniger um der Theorie willen, als um einen Ausdruck zu begründen, der
praktisch dieselbe Form beim selben Namen nennen soll, wurde hier ein System
der Urformen angedeutet. Der Urkörpergedanke mag an KARL ERNST VON BAERS
Darstellung erinnern, die in den Fundamentalorganen, in ihrem System von in
8-Form um die Achse der Chorda gelegenen Röhren die erste typische Anlage

eines Wirbeltierkörpers sieht; die Entwicklungsunterschiede zwischen vorderen und hinteren Körperteilen spielen allerdings dabei nicht mit. Anklänge ließen sich am ehesten an DRIESCHS Elementarorgane finden.

Die Stufen der Vor- und Urformen gehen weitgehend parallel mit PETERSENS Entwicklung harmonisch äquipotentieller Systeme mit abnehmender Potenzbreite und mit der entsprechenden Folge von Primitivorganen 1., 2., 3. Ordnung. Die rein formale Begründung unterscheidet meine Bezeichnungen von denen PETERSENS, die, wie ähnliche Gedanken der SPEMANNschen Schule und DRIESCHS selbst, in neuester Zeit auch HOADLEYS, dem hier noch nicht berührten Gebiete der „Kinetik" (ROUX) angehören. Es ist eine Frage für sich, wie weit das Formsystem dem System der Potenzen entspricht. Nach HOADLEYS Determinationsversuchen ist auch beim Hühnchen die Bestimmung des Materials zu Organsystemen wie Organen lange vor seiner formalen Abgrenzung festgelegt.

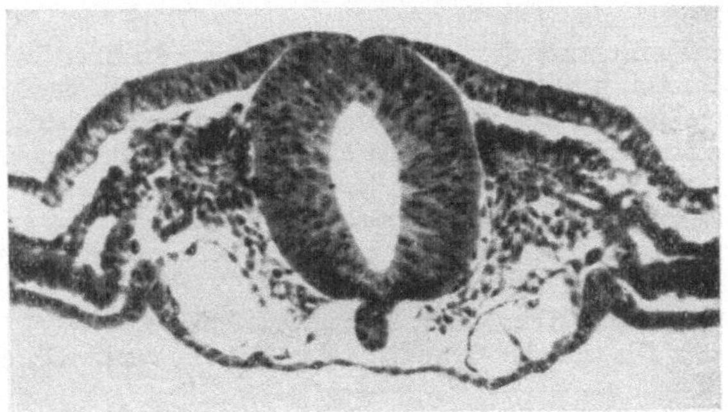

Abb. 70. M 43. Ausgestaltung der Körperurform durch Mesenchymbildung. Photo. 200× vergr.

Die Beschreibung der Formgeschichte ist jetzt in großen Zügen gegeben. Sie hat uns in einer Formenreihe das äußere und innere Bild der jungen Keime gezeigt; sie stützte sich dabei, soweit es das Flächenbild angeht, schon so viel als möglich auf die Form des Lebenden, auch hier allerdings auf einzelne Bilder einzelner, lebender Keime. Wirkliche Wachstumsvorgänge, die dem bisherigen zusammengestückelten Form„film" zugrunde liegen, können zunächst die Durchbeobachtungen des folgenden Abschnitts durch Messungen feststellen.

Anhang zum Abschnitt A. der Formgeschichte.
Begriffsbestimmung für besondere Bezeichnungen.

Ausgestaltung: Weiterbildung der Urform; ihre Abschnitte werden besonders gestaltet; Teile ihrer Einzelformen treten miteinander in Verbindung. beides aber ohne im wesentlichen den Typus mehr zu ändern.

Ausgestaltung des Urkörpers: Verbindung seiner epithelialen Formen durch Mesenchym.

Chordaanlage: Der Strang des medianen Mesoderms, der nur vom Boden des Neuralorgans, noch nicht vom Entoderm und vom seitlichen Mesoderm abgespalten ist, wohl aber durch seine Dicke und Dichte sich von ihm abhebt und das Ektoderm nach oben wölbt (= Kopffortsatz der Literatur, siehe auch Kopf·fortsatz!).

Chorda: Derselbe Strang nach seiner völligen Abspaltung.

Darm-Dottersystem: Entoderm, Keimwall (ohne Ektoderm) und Dotter.

Dotterhöhle: Verflüssigungszone zwischen Entoderm und Dotter (= subgerminale Höhle).

Dotterwall: Keimwall nach der Abspaltung des Ektoderms.

Ebene: Der mittel-vordere Teil des Primitivstreifens mit Ausnahme des Knotens; die Rinne ist in seinem Bereich flacher als davor und dahinter.

Ektoderm: Das äußere Keimblatt, vor dem Erscheinen des Primitivstreifens ganz, nachher, soweit es mit glatter Grenze nach unten aufhört, d. h. mit Ausnahme der Wucherungszone des Primitivstreifens.

Ektodermgrenze des Keimfeldes: Der Keimfeldumriß, der sich durch den Gegensatz des freien Ektoderms zum Dotterektoderm zeigt; fällt vor der Bildung des Dotterwalls mit der Entodermgrenze ungefähr zusammen.

Embryonalkörper: Der ganze Keim vom Vorderrand des Primitivknotens bis zu dem der Neuralanlage.

Endknopf: Verdichtung der Primitivstreifenmasse an einer Stelle, die formal dem vorderen und mittleren Teil des jungen Streifens, dem hinteren Teil des Sinus rhomboidalis, dem Knoten und der Ebene entspricht.

Entoderm: Das freie untere Keimblatt bis zu seinem Übergang in den Dotterwall.

Entodermhof: Das verdickte, mehrschichtige Entoderm, das an ganz jungen Keimen zentral, später sichelförmig und vom vorderen freien Mesoderm getrennt vor dem Knoten liegt.

Entodermgrenze des Keimfeldes: Siehe Keimfeld.

Folgeformen: Die auf der Grundlage der Urform durch die Ausgestaltung entstehenden Formen.

Formgeschichte: Bilderreihe, die die Änderung der Keimform darstellt, sei es als wirkliche Formgeschichte an *einem* durchbeobachteten Keim oder als konstruierte in der Formenreihe. Über das Schicksal des Materials kann sie nur Auskunft geben, soweit es formal gegen seine Umgebung abgegrenzt ist.

Haut-Amnionsystem: Im Gebiet des Embryonalkörpers das Ektoderm außer dem des Neuralorgans.

Hirnwulst: Siehe Neuralwulst.

Keimfeld: Der Teil des Keims, der innerhalb der Grenzlinie zwischen Keimwall (später Dotterwall) und Entoderm gelegen ist.

Keimwall: Zellig verdickter Rand des jungen Keimfeldes, liegt zu seinem größten Teil dem Dotter auf.

[*Kopffortsatz*]: Übliche, hier aber vermiedene Bezeichnung für die junge Chordaanlage, auch für das vordere freie Mesoderm, zum Teil auch für die Chordaanlage *und* die seitlichen Mesodermteile vor dem Knoten.

Materialgeschichte: Feststellung der Bedeutung der Keimbezirke für die Bildung der Teile des fertigen Körpers.

Mesoderm: Gewebe, das frei zwischen Ektoderm und Entoderm liegt und noch keine Organbestimmung erkennen läßt.

Mesodermsystem: Chorda, Urwirbel mit Stielen und Seitenplatten als Material für die Bestandteile des Körperinneren.

Neuralfalte: Die schärfer kantige Aufwölbung der Neuralwülste, die, von beiden Seiten her zusammentreffend, das geschlitzte Neuralrohr ergibt.

Neuralplatte: Das Ektoderm, das vor der Höhe des Primitivknotens seitlich und vorn über der Chordaanlage liegt und sich durch seine Dicke vom Hautektoderm unterscheidet.

Neuralrohr: Neuralorgan nach der Verlötung des Schlitzes.

Neuralwulst: Die erste rundliche Erhebung der Neuralplattengrenze, vor und seitlich über der Chorda.

Primitivgrube: Vorderster, besonders tiefer Teil der Primitivrinne.

Primitivknoten: Verdickung des vordersten Primitivstreifenteils, auch mit dem Entoderm verlötet.

Primitivstreifen: Axiale Zone des Zusammenhangs von Ektoderm und Mesoderm zu einem indifferenten Gewebsstrang, bald nach seinem Erscheinen besonders gestaltet durch eine mittlere *Primitivrinne*, die von den *Primitivfalten* eingefaßt ist. Beginnt auch in späteren Stadien mit dem ersten Schnitt (—1), auf dem Zellen des Ektoderms (Neuralboden) und des Mesoderms (Chorda) zusammenhängen.

Rückenrinne: Besondere Einsenkung in der Mitte des Neuralplattenbodens; nach der Versenkung des Primitivknotens die unmittelbare Fortsetzung der Primitivrinne.

Scheibe: Das verdickte Ektoderm, das um den Primitivknoten und die vordere Hälfte des älteren Streifens herum liegt; entspricht der Neuralplatte + dem Sinus.

Sinus rhomboidalis: Die spindelige Bucht zwischen den Seitenlinien der Neuralfalten und ihrer Fortsetzungen; schließt den Primitivknoten und die Ebene ein.

Urform: Die Form, in der ein Abschnitt des Körpers (oder ein Organ oder Organteil) erstmals die typische und bleibende Lagebeziehung seiner formal geschiedenen Teile zeigt.

Urkörper: Urform des Körpers für irgendeinen seiner Abschnitte; reicht jeweils vom ersten Querschnitt vor dem Primitivstreifen (+1) bis zum letzten Querschnitt, der noch keine Mesenchymbildung zeigt.

Vorfeld: Vorderer Teil des Keimfeldes von der Höhe des vorderen Primitivstreifenendes (+1) ab. Primäres V.: + Gebiet vor dem Erscheinen der Chordaanlage. Sekundäres V.: + Gebiet nach dem Erscheinen der Chordaanlage.

Vorform: Eine Form, die die Beziehung zu einer Urform vermuten läßt, aber noch nicht die typische Lagerung des Materials und seine Abgrenzung zeigt.

(I. Teil. Formgeschichte.)

B. Das Wachstum des Primitivstreifens und des Embryonalkörpers, gemessen an lebend durchbeobachteten Keimen.

Nur auf die Größenänderung bestimmter Formen, noch nicht auf das Schicksal ihres Materials, beziehen sich die folgenden Fragen.

Wächst der Primitivstreifen innerhalb des Keimfeldes nach vorn oder verlängert er sich, nachdem er im hinteren Drittel des Keimfeldes entstanden ist, mit der rückwärtigen Keimfeldausbuchtung nach hinten?

Wie lange wächst der Primitivstreifen, verglichen mit der Entstehung und dem Wachstum des Embryonalkörpers?

Wie verhält sich das Maß der Rückbildung des Primitivstreifens zum Wachstum des Embryonalkörpers?

Messungen an etwa 80 Keimen, die während des ersten oder zweiten Bruttages beobachtet wurden [1], liegen der Antwort auf diese Fragen zugrunde.

---

[1] Eigens zum Zweck der Messung oder im Verlauf eines Farbversuches. Um allzugroße subjektive Meßfehler auszuschalten, hat Herr stud. med. APITZ mit demselben Instrumentarium etwa 30 Keime durchgemessen. Da seine Ergebnisse grundsätzlich mit den meinigen übereinstimmen, sind sie zusammen mit ihnen verwertet.

Maße. Es wurden (mit einem Okularmikrometer) nur zwei Maße abgenommen, die Länge des Primitivstreifens und die des Gebietes vor ihm. Als Primitivstreifenlänge gilt dabei die Strecke vom Hinterrand des Keimfeldes bis zum Vorderrand des Knotens, als Vorfeldlänge die anschließende Strecke bis zum Vorderrand des Keimfeldes bzw. später zum Vorderrand des queren Hirnwulstes.

Primitivstreifenlänge. Am ersten Maß ist nicht berücksichtigt, daß der junge Primitivstreifen als wucherndes Ektoderm oft über den Keimfeldrand hinausreicht, während er später meist innerhalb des Keimfeldes endigt. Ein weiterer Anlaß zu Ungenauigkeiten ist, daß wir ja aus äußeren Gründen den Entodermrand als Keimfeldrand bezeichnen mußten; es sei daran erinnert, daß diese Linie sich nicht in jedem Fall genau bestimmen läßt. Im übrigen ist die geläufige Formverschiedenheit normaler Primitivstreifenenden eine Mahnung, geringe Unterschiede der Maße und Verhältnisse so wenig für wesentlich zu halten wie die der Form. — Dagegen ist die unvermeidliche Vergewaltigung einer lebendigen Form durch irgendeine Messung mit der ebenen Ausbreitung des Primitivstreifens und im wesentlichen des ganzen Keimes auf ein Mindestmaß beschränkt.

Vorfeldlänge. Das Vorfeldmaß bietet die Schwierigkeit, daß die vordere Grenze des eigentlich gemeinten Embryonalkörpers erst später innerhalb des ganzen Vorfeldes sichtbar wird. Der Übergang von einem Maß zum anderen wurde womöglich so genommen, daß beide Längen, Knoten—Keimfeldrand und Knoten—Hirnwulstvorderrand, ein- oder mehrmals nebeneinander gemessen wurden. Der kleine Fehler im Längenmaß durch die Aufwölbung des Hirnwulstes aus der Keimfeldebene heraus muß unberücksichtigt bleiben.

Kurven. Die Messungen sind in Kurven niedergelegt, deren Punkte die Längen in bestimmten Brutzeiten angeben. Die Kurvenlinien sind nur die geraden Verbindungen der Kurven*punkte.* Da die Punkte zum Teil recht weit stehen (GRÄPERS Reihen sind sehr viel dichter), hätte sich manchmal der Kurvenlauf durch Zwischenbeobachtung erheblich ändern können. Hier schützt wohl die Zahl der Versuche und die Verschiedenheit der Beobachtungszeiten vor wesentlichen Fehlern. Die Kurven sind nach Okularmikrometerteilen (t) gezeichnet. $2^{1}/_{4}$ mm in der Zeichnung bedeuten 1 t und damit = 0,44 mm am Objekt; die Vergrößerung ist also rund 5 fach.

Die Beobachtungen gehen meistens nicht über die ganze Zeit der ersten zwei Bruttage, oft nur über einen halben Tag. Mit der Häufigkeit der Einzelbeobachtungen und der Dauer des ganzen Versuchs steigt die Wahrscheinlichkeit, daß der Keim, vor allem durch Austrocknen, geschädigt wird. So müssen die kurzen Strecken [1] helfen, das ganze Bild

---

[1] Aber eben *Strecken*, nicht Punkte wie in der Formenreihe!

zusammenzusetzen — eine Schwierigkeit, deren, soviel ich mich von der Freiburger Anatomenversammlung her erinnere, auch GRÄPER nicht Herr geworden ist.

In den Kurven bedeutet die durchgehende starke Linie das Maß des Primitivstreifens, die punktierte das des Vorfeldes, die gestrichelte die Länge des Embryonalkörpers. Eine dünne durchgehende Linie gibt noch die Summe der Primitivstreifen- und Vorfeld- (bzw. Embryonalkörper-) längen an. „*Pr.*" bedeutet, daß bei einer Messung der Streifen zum erstenmal zu sehen war, „*Ch.*" die Chordaanlage; „*Kr.*" steht bei der letzten Messung, die ein rundes, „*Ko.*" bei der ersten, die ein ovales Keimfeld zeigte.

Überblick über die Wachstumsverhältnisse. Ein Überblick über die ganzen Kurven zeigt uns, wie der Primitivstreifen von kleineren Anfangs-maßen aus in die Länge wächst, einen Gipfel er-reicht und von ihm aus anfangs etwas rascher, später langsamer, als er gewachsen war, wieder zurück-geht. Die Vorfeld-länge zeigt dage-gen eine Wachs-tumskurve, die, grob gesagt, zu der des Streifens inso-fern spiegelbildlich ist, als sie sich zu-erst senkt, einen

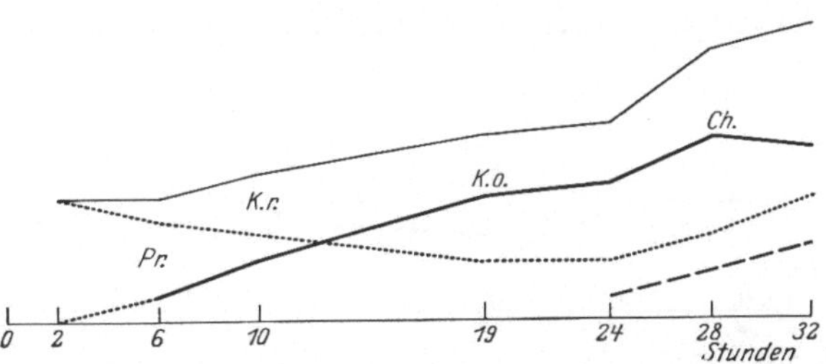

Abb. 71. 416. Wachstumskurven eines einzelnen Keims vom Stadium des formlosen Keimfeldes bis nach dem Erscheinen der Chordaanlage (etwa Stadium der Abb. 32). 5× vergr. *Pr.* steht bei der Beobachtung, die zuerst den Primitivstreifen, *Ch.* bei der Beobachtung, die zuerst die Chordaanlage, *K.r.* bei der Beobachtung, die das letzte-mal ein rundes Keimfeld, *K.o.* bei der Beobachtung, die das erstemal ein ovales Keimfeld zeigte. —————— Länge des Primitivstreifens (vom hinteren Rand des Keimfeldes bis zum vorderen Rand des Knotens), ————— Länge des Keimfeldes, ················ Länge des Vorfeldes (vom vorderen Rand des Keimfeldes bis zum vorderen Rand des Knotens), — — — Länge des Embryonalkörpers (vom vor-deren Rand des Neuralorgans bis zum vorderen Rand des Knotens).

Tiefpunkt erreicht und von ihm aus rasch und andauernd ansteigt. Be-zeichnend ist damit, daß die beiden Kurven sich zweimal schneiden, um die Mitte des ersten Bruttages und am Anfang des zweiten, so daß zwei-mal Vorfeld und Streifen gleich lang sind. Das bald mehr, bald weniger regelmäßige, aber doch stetige Ansteigen der Summe beider Längen zeigt jedoch, daß eine eigentliche spiegelbildliche Gleichheit der beiden Kurven nicht besteht, daß vielmehr das Wachstum des einen Teils die Rückbil-dung des anderen überwiegt.

Entstehung des Primitivstreifens. Im einzelnen galt unsere erste Frage der Entstehung und dem Wachstum des *Primitivstreifens.* Nach-dem schon das formlose Keimfeld gemessen war, wurde an 12 Keimen nach 4 bis 12 Brutstunden der Streifen erstmals beobachtet. Er reichte dabei vom hinteren Keimfeldrand über $^1/_5$ bis $^2/_5$ der Keimfeldlänge weg. Bei der Mehrzahl dieser Keime (Abb. 71, 75) war das ganze Keimfeld gegenüber dem formlosen Zustand nicht vergrößert (bei Abb. 75 war das Keimfeld *vor* dem Erscheinen des Streifens gewachsen); die jetzige Vorfeldlänge war also eben um das Maß der Streifenlänge geringer als die erst gemessene Keimfeldlänge. Nur in zwei Fällen hatte sich das Keimfeld gleichzeitig etwas verlängert (Abb. 72), aber nicht um so viel wie der Streifen selbst lang war. Außerdem waren eben diese beiden Streifen die längsten, sind also offenbar bei der entscheidenden Beobachtung schon älter gewesen als die anderen. So hindern uns diese Fälle nicht, allgemein zu schließen, daß sich der Primitivstreifen bei seinem ersten Auftreten *innerhalb des gegebenen Keimfeldes* bildet, dicht vor dessen hinterem Rand.

Wachstum des jungen Primitivstreifens. Die Keime, die um die Mitte der ersten Vorfeld-Streifengleiche herum mehrfach gemessen wurden, zeigen verschiedene Verhältnisse. Entweder wächst der Streifen nach seinem Erscheinen weiterhin auf Kosten des Vorfeldes (5 Fälle, Abb. 72, 73) oder nur zum Teil, so daß zwar

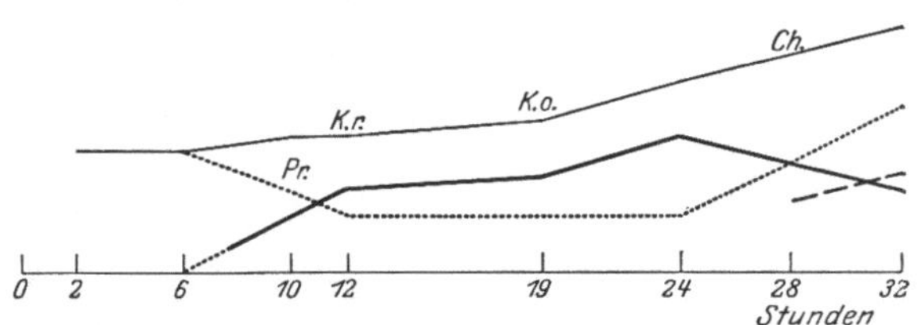

Abb. 72. 417. Wachstumskurven eines Keims vom Stadium des formlosen Keimfeldes bis nach dem Erscheinen der ersten Urwirbel (etwa Stadium der Abb. 36). 5× vergr. Bezeichnungen siehe Abb. 71!

die Vorfeldlänge weiter abnimmt, die Keimfeldlänge sich aber doch im ganzen vergrößert (6 Fälle, Abb. 71, 75), noch ohne daß sich der Umriß im Sinn einer Streckung zur Birnform verändert hätte.

Zusammenfassend läßt sich sagen, daß der Primitivstreifen innerhalb des runden Keimfeldes entsteht und sich in seinem ersten Wachstum wahrscheinlich ganz auf Kosten des Vorfeldes verlängert. Kurz voroder kurz nachdem er mit seinem freien Vorderende die Keimfeldmitte erreicht hat, vergrößert sich auch das ganze Keimfeld; es verlängert damit den Streifen nach hinten, ohne daß zugleich sein Wachstum nach vorn auf Kosten des Vorfeldes aufgehoben wäre. Gerade dieses erste Wachstum des Primitivstreifens ist bis in die neueste Zeit verschieden beurteilt worden. Während Keibel am Schwein und O. Hertwig mit Novak am Huhn auf Grund ihrer Formenreihen auch ein eigentliches Vorwachsen des Streifens angeben, hat dies der gründlichste Untersucher der jungen Vogelkeimscheibe, Schauinsland, ausdrücklich bestritten, und auch Gräper sprach noch in Freiburg vom Vorderende des jungen Streifens als einem festen Punkt, von dem aus der Streifen nach hinten wachse.

Späteres Wachstum des Primitivstreifens. Eine solche Verlängerung des Streifens mit dem Keimfeld nach hinten beherrscht nun zweifellos die Wachstumsvorgänge der zweiten Hälfte des ersten Bruttages. Wenn es (als Regel?) vorkommt, daß sich schon das runde Keimfeld als solches vergrößerte, so ist in allen beobachteten Fällen (Abb. 71—75) mit der ersten Feststellung der *hinteren Ausbuchtung* eine erhebliche Verlängerung sowohl des Keimfeldes als auch des Streifens zu sehen, einerlei ob dabei die Streifenlänge schon etwas mehr oder, seltener, noch etwas weniger als die Hälfte des Keimfeldes ausmacht. In derselben Weise wachsen Streifen und Keimfeld ungefähr parallel, solange noch keine Chordaanlage zu sehen ist, also rund 10 Stunden lang. Während der Bildung der hinteren Ausbuchtung nimmt das Vorfeld in der Mehrzahl der Fälle (18, Abb. 71, 75) immer noch ab, wenn auch

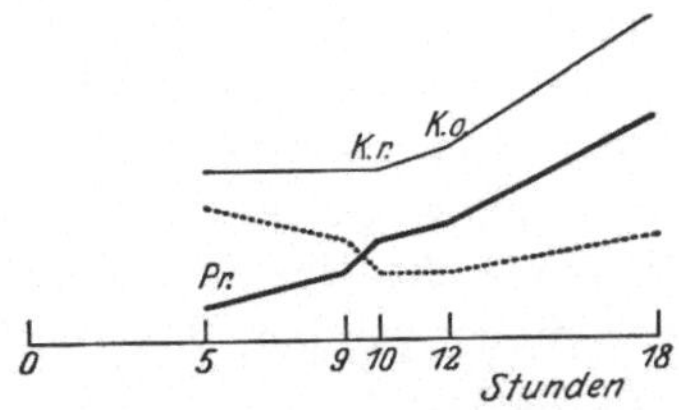

Abb. 73. 430. Wachstumskurven eines Keims vom Stadium eines ganz kurzen Streifens bis zu dem des ausgestalteten Streifens (Abb. 21). 5× vergr. Bezeichnungen siehe Abb. 71!

nur wenig und langsam. Das Vorfeld einer erheblichen Anzahl von Keimen (9, Abb. 72, 73) ließ allerdings eine solche Abnahme nicht mehr beobachten, und in 5 Fällen (Abb. 74) zeigte sich schon wieder ein Anstieg, dessen früher Beginn allerdings zum Teil durch eine zu lange Beobachtungspause vorgetäuscht werden konnte.

Sicher ist jedenfalls, daß die hintere Ausbuchtung des Keimfeldes stets dessen Verlängerung mitsamt dem hinteren Teil des Streifens bedeutet und daß tatsächlich *jetzt* das Streifenvorderende sich dem Vor-

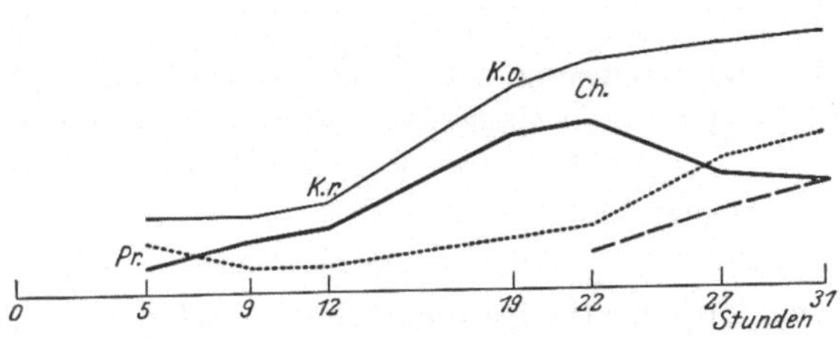

Abb. 74. 400. Wachstumskurven eines Keims vom Stadium des jungen Streifens bis nach dem Erscheinen der ersten Urwirbel (Abb. 36). 5× vergr. Bezeichnungen siehe Abb. 71!

derrand des Keimfeldes nur wenig oder gar nicht mehr nähert (auf etwa ¼ der Keimfeldlänge).

Erscheinen und Wachstum der Chordaanlage. Mit dem Ende des ersten Bruttages kommt die Zeit, in der die Chordaanlage sichtbar wird. Mit ihrer Verlängerung steigt die Vorfeldkurve, von der ersten Beobachtung einer Chordaanlage ab, stetig weiter. Bei der Mehrzahl (15) der in dieser Zeit beobachteten Keime war das Vorfeld erstmals etwas angewachsen gegenüber der vorhergehenden Messung, die den Streifen in voller Ausbildung ohne Chordaanlage, das Vorfeld in seiner geringsten Länge ge-

zeigt hatte. Daraus könnte geschlossen werden, daß das Wachstum des
Vorfeldes in seinem Ausmaß und der Zeit nach dem der Chordaanlage
gleich sei. Daß dies im einzelnen nicht so sein muß, zeigen die vielen
Keime (10, Abb. 73, 74), bei denen das Vorfeld schon an Länge zugenom-
men *hatte*, ehenoch von einer Chordaanlage etwas zu sehen war. Auch
die anderen angeführten Fälle, in denen die letzte Beobachtung ohne
Chordaanlage den Wendepunkt der Vorfeldskurve bedeutet, sind kein
Beweis dagegen, daß man nicht auch hier in einer Zwischenbeobachtung
das Vorfeld noch ohne Chordaanlage schon verlängert gefunden hätte.
Ganz sicher ohne Beweiskraft sind die wenigen Messungen (5), bei denen
nach einer goßen Pause die erste Chordaanlagenbeobachtung der
Wendepunkt der Vorfeldskurve ist. Hier kann ohne weiteres angenommen werden, daß der Tiefpunkt der Vorfeldskurve einfach über-
gangen wurde.

So ist also sicher, daß das Erscheinen und Wachsen der Chordaanlage eine Verlängerung des Vorfeldes bedeutet und sicher, daß

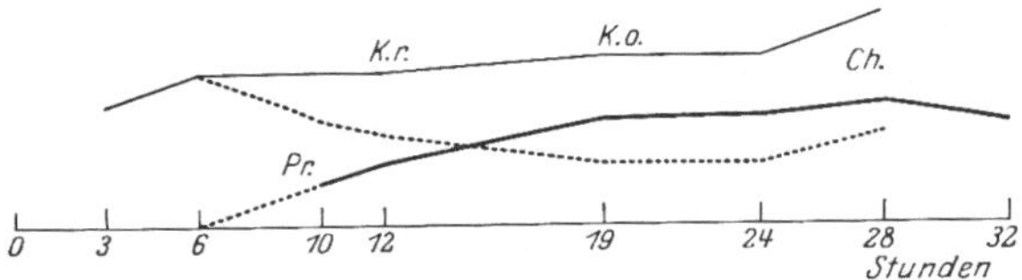

Abb. 75. 418. Wachstumskurven eines Keims vom Stadium des formlosen Keimfeldes bis kurz nach
dem Erscheinen der Chordaanlage (Stadium der Abb. 32). 5× vergr. Bezeichnungen siehe Abb. 71!

diese Verlängerung oft, möglich, daß sie regelmäßig schon eintritt,
bevor etwas von einer Chordaanlage zu sehen ist. Unbestimmt ist dabei, welchem Teil des Vorfeldes diese vorläufige Verlängerung zu-
zuschreiben ist.

*Rückbildung des Primitivstreifens und Wachstum des Embryonalkör-
pers.* Unsere letzten Fragen gelten wieder dem *Primitivstreifen*, vor allem
dem Verhältnis seiner Rückbildung zur Neubildung des Embryonalkörpers. Wie liegt der Wendepunkt der Primitivstreifenkurve zu dem des
Vorfeldes und zum Auftreten der Chordaanlage?

Von vornherein zeigen alle Keime noch ein stetiges Ansteigen der
Keimfeldlänge (Abb. 71, 72, 74, 75), auch nachdem der Streifen begonnen
hat, sich zurückzubilden. Demnach überwiegt das Wachstum des Embryonalkörpers den Rückgang des Streifens, und es kann sich nicht, auch
nicht im ersten Anfang, um einen einfachen Austausch der Längen
handeln.

Dazu kommt, daß auch zeitlich die Wendepunkte der beiden Kurven
nur in so wenigen Fällen (5) zusammentreffen, daß wir auch für sie, wie
früher schon in anderen Fällen, annehmen können, eine ungünstige Folge

der Beobachtungszeiten habe den Kurvenverlauf verwischt — wenn wir
sie nicht einfach als Ausnahmen von der Regel hinnehmen wollen. Diese
Regel ist, daß der Primitivstreifen erst abzunehmen anfängt, wenn das
Vorfeld sich schon verlängert hat. Ob (selten, viermal) diese Verlängerung nur jene erste war, die der Bildung der Chordaanlage vorhergeht,
oder ob sie die Bildung eines kurzen oder eines längeren, mehrfach nach-
beobachteten Stücks Embryonalkörper betraf, so sind doch 32 Versuche
(Abb. 71, 74, 75) darin gleich, daß der Streifen *noch* wächst, während das
Vorfeld *schon* wächst. Dieses Ergebnis stützt eine Ansicht, die unter
anderen KEIBEL längst ausgesprochen hat; GRÄPER [1] äußerte sich in einer
nicht gedruckten und mir auch nicht mehr genau gegenwärtigen Dis-
kussionsantwort in Freiburg anders.

Weiterer Verlauf. Über die Mitte des zweiten Bruttags hinaus reichen
nur wenige Versuche. Sie zeigen, daß der zweite Schnittpunkt der Kurven, die Embryonalkörper-Streifengleiche, um die Zeit der Bildung der
ersten Urwirbel herum erreicht wird.

Häufigster Fall und Durchschnitt. Trotz der Verschiedenheit der einzelnen Formänderungsabläufe, für die die abgebildeten Kurven ein Beleg
sind, ließ sich doch das Wesentliche des Primitivstreifen- und Vorfeld-
längenwachstums so festlegen, daß eine der bestehenden Möglichkeiten
als die am häufigsten verwirklichte — *nicht* als die durchschnittliche —
sich heraushob. Es ginge über die Absicht dieser Untersuchung hinaus,
außer einer Feststellung des Wesentlichen der häufigsten Formände-
rungsweise Durchschnittsmaße für die einzelnen Formbildungsabschnitte
ermitteln zu wollen. Abgesehen davon, daß hierfür die Zahl der untersuch-
ten Keime bei der Größe und Verschiedenheit der Beobachtungsabstände
nicht ausreicht, führt die Berechnung einer Durchschnittszahl — im
Gegensatz zu der des häufigsten Falles — nur zu einer sinnlosen Verwischung der individuellen Verhältnisse; diese sind allerdings im vorliegenden Material viel zu spärlich ausgedrückt, als daß sie für eine Erforschung der Konstitution des Hühnchens (als Weiterführung des Ge-
dankens der Normentafeln) verwendet werden könnten — was mir übrigens auch nicht so dringlich scheint.

Formenreihe und Durchbeobachtungen haben uns die Keim*form* in
ihrer Veränderung gezeigt mit ihrem Gegensatz der zwei Bestandteile,
des Primitivbezirks und des Embryonalkörpers. Fragen, die sich auf die
Geschichte des Primitiv*materials*, auf seine Bedeutung für den Embryonalkörper beziehen, können nur im Experiment ihre Antwort
finden.

---

[1] Es wäre dankenswert, wenn er seinen Film einmal nachmessen und in
Zahlen veröffentlichen würde.

II. Teil. Materialgeschichte des Hühnerkeims während der beiden ersten Bruttage.

Entstehung, Wachstum und Rückbildung des Primitivstreifens und seine Bedeutung für die Bildung des Embryonalkörpers, nach Farbmarkierungen an lebenden Keimen.

Begrenzte Färbung des lebenden Keims nach VOGT. *Anwendung der Färbung am Hühnerkeim.* Die Formgeschichte des Hühnerkeims während der zwei ersten Tage seiner Bebrütung hat gezeigt, daß erst die mit dem Erscheinen der Chordaanlage eingeleitete Entstehung von Urkörper Formen liefert, die an sich schon ihre Vorbestimmung zu Teilen des erwachsenen Organismus erkennen lassen. Soll diese Vorbestimmung, die Geschichte des Körpermaterials, auch für die primitiven Keimbezirke ermittelt werden, die vor der Urkörperbildung und mit ihr zugleich bestehen, so ist der Weg dazu VOGTs Farbmarkierung. Bestimmte Teile lebender Keime werden so gefärbt, daß das markierte Zellenmaterial in seinem weiteren Schicksal durchbeobachtet werden kann. Bedingungen und Anwendung der Färbung am Hühnerkeim habe ich schon 1925 beschrieben, und es braucht dem damals Gesagten nichts Wesentliches hinzugefügt zu werden. Alte und neue Erfahrungen seien im folgenden noch einmal kurz dargestellt.

Vorgang der Färbung. Die Färbung selbst ist so einfach, daß die verschiedensten Sitten und Gebräuche des einzelnen Untersuchers [1] zum Ziele führen. Ich selbst streiche zur Zeit bis zur Sättigung getränkten Nilblausulfatagar aus und lasse ihn völlig trocknen. Beliebig geschnittene Blättchen dieser Masse werden auf die unverletzte *Dotterhaut* des Keims aufgelegt. Die Dotterhaut nimmt in ganz kurzer Zeit (in Sekunden) Farbe auf, die, dunkel- bis schwarzblau, mit ganz scharfen Grenzen die Form des aufliegenden Plättchens wiedergibt. Die Farbe wird im Laufe der nächsten Minuten restlos von dem unterliegenden Ektoderm aufgenommen, ohne daß sich innerhalb der Dotterhaut auch nur eine Spur von ihr nach der Seite über die ursprünglichen Grenzen hinaus verbreitet hätte. Erst beim Durchtritt durch die Eiweißschicht zwischen Dotterhaut und Ektoderm weicht die Farbe etwas (je nach der Dicke der Schicht verschieden weit) nach allen Seiten ab, so daß regelmäßig die Marke des Ektoderms ein wenig größer ist als die der Dotterhaut. Darum ist auch die *Schärfe* der Begrenzungslinien einer Ektodermmarke etwas geringer; doch gibt sie noch mit ziemlicher Genauigkeit die Form des Agarplättchens wieder. Nach einigen Minuten ist, wenn das Agarplättchen

---

[1] KOPSCH hat inzwischen eine Methode beschrieben, die sich am Haifisch und, wie er schreibt, auch am Hühnchen bewährte: Er füllt Glasröhrchen mit Nilblausulfatagar und setzt ihre kreisrunden Öffnungen auf den Keim auf. Der Vorteil — vielleicht auch zugleich eine Beschränkung — ist die immer bestimmte Größe der Marke.

inzwischen entfernt wurde, die Dotterhaut wieder glasklar, und fast alle Farbe sitzt im Ektoderm, im Ton etwas verändert (kälter) — nur „fast" alle, weil es noch längere Zeit dauern kann, bis ihr letzter Rest aus dem Zwischeneiweiß verschwunden und gespeichert ist (immer noch eine Quelle für schwache Überbreiterung der Marken).

Bild der Farbmarke. Die *Farbmarke* ist damit gegeben als eine bestimmte Menge von Farbe, gespeichert in einer Anzahl benachbarter, lebender Zellen (Abb. 76). Schon im Lupenbild erscheint die Marke gekörnt; bei stärkerer Vergrößerung zeigt sich ein Teil der sogenannten Dotterkörner der Zellen diffus gefärbt. Auch in „stark angefärbten" Bezirken liegen immer noch farblose Körner zwischen farbigen, wie es GRÄPER schon 1911 beschrieben hat. Eigentümlich verschieden scheint übrigens die *Verteilung* der Dotterkörner zu sein. Während die Körner in den zentralen Keimteilen, Streifen und Embryonalkörner, in sehr ungleicher Größe mitten in der Zelle angehäuft sind (Abb. 76a), bilden sie in den platteren Zellen des Ektoderms am Keimfeldrand (Abb. 76b) ein zierliches Perlschnurmuster der Zellgrenze entlang (auch zwischen den Zellen? Dottertransport?). An absterbenden Keimen verfließt die Farbe diffus und die Marke verliert auch im Lupenbild ihr körniges Aussehen. Von vornherein tote Keime nehmen keine Farbe an.

Schicksal der Farbmarke. Entscheidend für unsere Fragestellung ist das weitere Schicksal der Marke; die Farbe darf die Zellen nicht vergiften und muß an dieselben Zellen gebunden bleiben, von denen sie in der ersten Anfärbung gespeichert worden war.

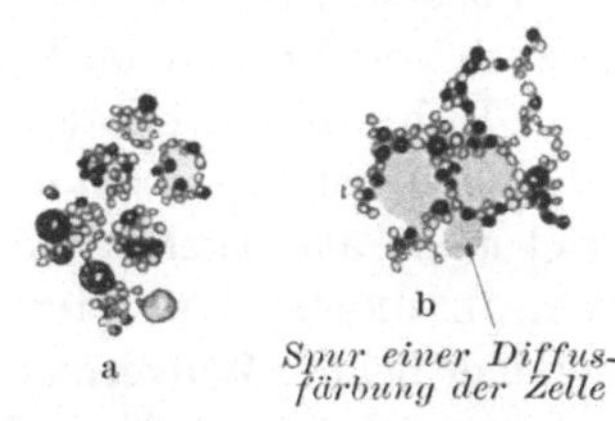

Abb. 76. Bild einer Farbmarke, d. h. lebend mit Nilblausulfat gefärbter Ektodermzellen. (Schwarz gilt für Blau!) Etwa 500× vergr. *a* zentrales Ektoderm des Primitivstreifens, *b* seitliches Ektoderm über dem Dotterwall.

Die Gefahr der *Vergiftung* ist vorhanden [1]. Bei zu langer Anfärbung bleibt das Gebiet der Marke weiterhin in der Entwicklung gehemmt, ja die Zellen können in ihrem Bereich überhaupt absterben. Ob daraus für die „normale" Farbmarke der Schluß gezogen werden darf, daß auch ihre Zellen in entsprechend geringerem Maße „vergiftet" seien, ist eine nur theoretische Frage [2], solange wir „normale Markierung" dahin bestimmen, daß das gefärbte Material den normalen Entwicklungsverlauf äußerlich mitmacht, wie wenn nichts geschehen wäre. Dies ist nun tatsächlich der Fall, wenn die Marke vorsichtig angelegt wird bis zu einem Grade der Färbung, der sich hier nicht bezeichnen, sondern nur

---

[1] Ich habe sie zur lokalenVergiftung von Keimteilen benutzt; Überfärbung statt Defektoperation.

[2] An diesem Ort; sonst ist sie sehr interessant und wohl auch im Sinne POLITZERS in gewissem Umfang zu bejahen (Anatomentag in Wien 1925).

nach eigener Erfahrung im voraus richtig bemessen läßt. Ist diese Stärke der Färbung schon erreicht, solange noch Farbe in der Dotterhaut sitzt, droht also die Überfärbung, so kann sie durch Abreißen der Dotterhaut verhindert werden. Deren Fehlen schädigt den Keim nicht, wenn das allerdings jetzt eher mögliche Eintrocknen sonstwie verhindert wird.

Haltbarkeit der Farbe. Vor allem ist nun wichtig, zu wissen, wo die Markenfarbe weiter bleibt. Es ist mir nicht gelungen, den einzig unmittelbaren Beweis für ihre dauernde Bindung an ein einmal gefärbtes Material zu führen, nämlich bestimmte gefärbte Zellen von einer Beobachtung zur anderen als solche *unabhängig* von der Färbung wieder zu erkennen. Die Zellen sind zu klein dazu, und stärkere Vergrößerungen des Opakilluminators sind der Adhäsion der leicht beweglichen Keimhaut wegen nicht benutzbar. VOGT konnte an seinen Urodelen einzelne gefärbte Zellen durchbeobachten und so die Haltbarkeit seiner Marken beweisen, die, abgesehen vom Verlauf der Versuche, eine Lagerung der Farbe nicht nur wie beim Huhn in den Dotterkörnern, sondern vor allem im Pigment wahrscheinlich gemacht hatte. Starke Zweifel erheben sich von vornherein (viel mehr als gegen die Amphibien VOGTs und die Fische KOPSCHs und WEISSENBERGs) dem warmblütigen Huhn gegenüber. Einmal handelt es sich hier bei der Zellvermehrung und der Formbildung nicht nur um Aufteilung und spätere Umordnung eines der Menge nach gleichbleibenden Materials, um eine deutliche Trennung von Formbildung und Wachstum, sondern um eine andauernde Vermehrung des Materials während der Formbildung. Wohl spielt auch beim Huhn die Aufteilung eine Rolle; so haben, um einige Zahlen zu nennen, indifferente Mesodermzellen bei M 48 einen Durchmesser von 15—12 μ, bei M 47 9 μ, M 4 6 μ, M 11 6 μ, M 23 6 μ, M 26 6—5 μ. Mit der Ausgestaltung des Primitivstreifens ist demnach aber schon eine weiterhin fast gleichbleibende Normalgröße der indifferenten Zellen erreicht, die Aufteilung damit zu Ende, während die eigentliche und sehr erhebliche absolute Vermehrung der Masse des Materials durch die Mesodermbildung eben jetzt erst einsetzt. Wir müssen also erwarten, daß Farbmarken in einem Material, das an der Mesodermbildung teilnimmt, sich durch Verteilung der Farbe über größeren Raum verdünnen werden. Diese Verdünnung wäre, wenn auch für die Versuchsbeobachtung nicht günstig, so doch immerhin „erlaubt", d. h. sie hielte sich innerhalb der Bedingung einer Bindung der Farbe an das ursprünglich getroffene Material.

Viel schwerer wiegt ein anderer Verdacht. Die Stoffwechselströme zwischen Dotter und Keim fließen ohne Zweifel schon früh — sie müssen ja eben den Stoff zuführen, um den sich die Masse der Zellen vermehrt. Diese Ströme setzen die einzelnen Zellen einem „Zug" aus, von dem nicht anzunehmen ist, daß er ihren Bestand (vollends die Elemente, die doch irgendwie mit der Ernährung zu tun haben, wie die Dotterkörner und ihre Farbe!) in der Ruhe liegen läßt, in der die sich selbst genügende Amphibienzelle ihre Dottermitgift verzehren darf.

Der Beweis einer Haltbarkeit der Farbe im Hühnerkeim konnte nicht erbracht werden, und so wollen wir sehen, was dem allem gegenüber dennoch *für* eine solche Haltbarkeit spricht. Da ist besonders die Form der Marke während ihres weiteren Schicksals zu nennen, die ja im einzelnen unten mit den Versuchen besprochen wird. Als ganz allgemein gültig sei hier nur das Folgende hervorgehoben:

1. Die Marken behalten ihr gekörntes Aussehen und die Eigentümlichkeit ihres stark vergrößerten Bildes auch während längerer, auf die Markierung folgender Brut- und Entwicklungszeiten (12—30 Stunden) und werden dabei nur allmählich blasser, um allerdings schließlich, vor allem wenn ihr Material von der Urkörperausgestaltung ergriffen ist, die Farbe ganz oder fast ganz zu verlieren.

2. Alle Veränderungen und Verschiebungen der Marken erfolgen mit ganz bestimmter Regelmäßigkeit. Diese an sich genommen könnte ja auch Stoffwechselbahnen bezeichnen, Ausschnitte aus jenen Dotterströmen, deren Fließen wir vermuten. Daß die Marken dennoch Formwechsel bestimmten Materials anzeigen und nicht Stoffwechsel, macht die *Art* ihrer Veränderung wahrscheinlich; denn

3. und wichtigstens: Die Marken lassen noch lange, auch während ganz erheblicher Verschiebungen, die Besonderheiten ihrer willkürlichen ursprünglichen Form erkennen — eine Eigenheit, die erst an den Beispielen deutlich werden wird und sich nur durch die Annahme einer festen Materialbindung der Farbe erklären läßt. Einmal gefärbte Organabschnitte, Neuralrohr etwa, lassen besonders deutlich erkennen, wie das von Anfang an Ungefärbte farblos neben der Marke liegen bleibt.

Für die Eigenschaft unserer Marken als Zeugen des Materialschicksals spricht noch die Besonderheit des Verlaufs ganz bestimmter Versuche, in die nun wirklich unzweifelhaft der Stoffwechsel eingreift und die sich von sonstigen Versuchen grundlegend unterscheiden.

Dazu gehören auch Marken am Keimfeldrand, bei denen sich noch ganz besonders eine neue Tücke betätigt: die Speicherung der Farbe durch tiefere Keimblätter. Bisher war davon die Rede, daß sich die Marken, von oben gesehen, in der Horizontalebene im allgemeinen nur geschlossen und nach bestimmten Regeln verändern. Wir sehen nun der Marke nicht ohne weiteres an, wie tief sie liegt. Daß das Ektoderm für die Farbe keineswegs eine unüberwindliche Schranke gegenüber tiefer liegendem Material bedeutet, zeigt schon die einfache Neutralrotfärbung ganzer Keime: Schon nach wenigen Minuten ist außer der Neuralrinne und dem übrigen Ektoderm auch die Chorda und seitliches Mesoderm und vor allem der

Dotterwall gefärbt. Dieses Durchschlagen von Farbe nach unten spielt auch bei der begrenzten Färbung mit Nilblausulfat eine Rolle. Während der Markierung dringt die Farbe in die Tiefe, nicht nur durch die vielen Zellschichten etwa eines Primitivstreifens hindurch (hier ist die Tiefenmarkierung geradezu erwünscht), sondern auch, wenngleich schwächer und nicht immer, in das untere zweier aufeinander liegender, getrennter Keimblätter. Das Mittel, sich Klarheit über die Höhenlage der wichtigsten Teile einer Marke zu verschaffen, ist ihre Präparation mit der Glasnadel — oder auch die Fortsetzung der Beobachtung bis zu einer Zeit, in der ihr Material bestimmte Organe bildet, Neuralrohr, Urwirbel. Auch hier werden erst die Beispiele das Nähere erläutern.

Alles in allem spricht zwar nicht die theoretische Überlegung, aber der Verlauf der Versuche dafür, daß der Schlüssel zur Deutung seiner außer jedem Zweifel stehenden Regelmäßigkeit richtig ist, genügend, um im folgenden die Versuche so zu beschreiben, *als ob* der Schlüssel richtig wäre, anzunehmen, daß sie wirklich Materialgeschichte ermitteln.

Versuchsanordnung. Die Versuche sind in den Jahren 1923—1927 in der Würzburger Anatomie an Eiern angestellt worden, deren Rassezugehörigkeit nicht bestimmt war. Abgesehen von etwa 250 Keimen, die für Normalserien und normale Totalpräparate verarbeitet wurden, habe ich bis heute rund 950 Farb- und Operationsversuche gemacht. Von den etwa 500 Farbversuchen ist die Hälfte weniger brauchbar, weil die Keime (überfärbt, überhitzt, unterkühlt) vorzeitig abgestorben oder schwächer gefärbt waren. 260 gute Versuche liegen der folgenden Beschreibung zugrunde, selbverständlich ohne daß sie *alle* eingehend dargestellt oder auch nur der Nummer nach genannt wären.

An Farbstoffen wurde nur Neutralrot zur Totalfärbung, Nilsulfatblau zur Markierung benutzt. Begrenzte Markierungen mit Neutralrot verblassen beim Hühnerkeim so rasch, daß die bei Urodelen so schöne Lücken- und Gegenfärbung Rot gegen Blau leider zu keinem Ergebnis führt.

Bei der Markierung selbst muß ein Keimbezirk gefärbt werden, der als Teil des ganzen Formbildes von vornherein bestimmt werden kann. Das ganze Keimfeld wird in kleinen Stücken und vielen Versuchen durchgefärbt, bis alle Bezirke der Oberfläche in ihrem Schicksal bekannt sind. Damit wird das künstlich zerlegte Bild der *Material*bewegung wieder zu der Einheit, in der die Formbewegung als großer Eindruck jedem vor Augen steht, der in nächtlicher Institutseinsamkeit den Keim unter der Lupe sich allmählich aus seinem Keimfeld heraus hat recken und dehnen sehen.

Das eigentliche Ziel der Markierung wäre, das Schicksal der Keimbezirke vom frühesten ohne weiteres zugänglichen Stadium des „formlosen“ Ekto-Entodermkeimfeldes an durchzuverfolgen, bis der Endknopf gebildet ist. Wir waren aber schon bei ungestört durchbeobachteten Keimen gezwungen, die Wachstumsvorgänge in Absätzen zu besprechen, da am einzelnen Keim doch nur über eine bestimmte Zeit (einen Tag) der Versuch ohne die Gefahr einer Schädigung (Eintrocknen) ertragen wird. Dazu kommt bei den Farbversuchen die beschränkte Haltbarkeit der Marke. Deshalb erstrecken sich auch die Farbversuche meistens nur über einen kürzeren oder längeren Abschnitt der zwei ersten Bruttage; immer wieder reichen aber einzelne Versuche über mehrere Abschnitte, wenige auch über die ganzen zwei Tage weg und ermöglichen damit ein fortlaufendes Verfolgen der Vorgänge (auch wieder eine Art Formenreihe, deren Glieder aber aus Verlaufsstrecken, nicht aus Zustandspunkten bestehen!).

Nachdem das Entoderm am frischgelegten Hühnerei im großen ganzen fertig angelegt angetroffen wird, fällt die Geschichte seiner Bildung so wenig wie die Furchung in den Bereich dieser Untersuchungen. Ihr erster Abschnitt gilt der Entstehung der Vorform, der

I. Bildung und Ausgestaltung des Primitivstreifens.

Wenn wir uns nach den beobachteten deutlichen Absätzen der beschriebenen Formbilderreihe richten, so ist die erste Frage, wo der Primitivstreifen entsteht, wie er wächst, ob sein erstes Wachstum ein materielles Vorschieben oder -wachsen eines bestimmten Keimbezirkes bedeutet, oder ob, wie von einer Welle oder Flamme, Stück für Stück des ruhenden medianen Keimfeldmaterials von der Formbildung ergriffen wird, und schließlich, wie sich das übrige Keimfeldmaterial während der Primitivstreifenbildung verhält. Wir fragen nach dem

A. Übergang des runden, formlosen Keimfeldes in das runde Keimfeld mit Primitivstreifen bis zur Keimfeldmitte.

Die Durchbeobachtungen haben schon gezeigt, daß bei Keimen, die am frisch gelegten Ei oder nach kurzer Bebrütung noch formlos, d. h. ohne Primitivstreifen, erscheinen, die Bildung des Streifens verschieden lange auf sich warten läßt. Das Keimfeld verändert sich während dieser Zeit höchstens darin, daß sein Durchmesser ein wenig zunimmt; das äußerlich gleiche Bild ist aber von vornherein keine Gewähr dafür, daß das Material sich nicht verschiebt; auch konnte das Schnittbild schon an „formlosen“ Keimfeldern verschiedene Grade beginnender Primitivstreifenbildung nachweisen. So wissen wir zunächst bei der Markierung eines solchen Keimes nicht, wann, d. h. in welchem Stadium, wir eigentlich markieren. Später allerdings gibt uns dafür die Zeit einen Anhalt, die vergeht, bis der Streifen erscheint; diese Bestimmung ist aber immer unsicher.

Eine zweite, auch nur in diesem ersten und einzigen Fall ernstlich störende Schwierigkeit ist die, daß wir oft nicht wissen, *wo* wir markieren. Zwar kann die rechts vorn liegende Mitte der dickeren Keimwallhälfte der Ort sein, vor dem später der Streifen erscheint; ganz genau zu bestimmen ist diese Stelle aber doch selten. Außerdem gibt es Keimfelder genug, an denen überhaupt jedes derartige Anzeichen für vorn und hinten fehlt. Auch dieser Mißstand muß im Rückschluß vom Primitivstreifenstadium aus behoben werden: Sobald sich der Streifen zeigt, ist die augenblickliche Lage der Marke genau bestimmt. Da sich der Keimfeldumriß nur wenig oder gar nicht verändert hat, kann auch auf die Anfangslage der Marke mit ziemlicher Sicherheit geschlossen werden, unter der Voraussetzung, daß die Dotterkugel still liegt, sich vor allem nicht um eine senkrechte Mittelachse dreht. Gerade diese einzige Bewegung, die wir ausgeschaltet wissen wollen, ist ja wohl tatsächlich durch die Hagelschnüre verhindert; ich habe nie etwas gesehen, was dafür spräche, daß eine solche Drehung stattfindet.

In den Versuchen dieser ersten Gruppe wurde meist am formlosen Keimfeld, in manchen Fällen auch erst nach dem allerfrühesten Auftreten des Primitivstreifens markiert.

Markierungen am formlosen Keimfeld. Die Kleinheit des Feldes und das häufige Fehlen formaler Anhaltspunkte läßt von vornherein nur die Bezeichnungen Mitte, Seite oder Rand zu. Zum Ersatz einer genaueren, natürlichen Ortsbestimmung gibt die nebenstehende Zeichnung eine willkürliche Unterteilung des formlosen Keimfeldes (Abb. 77), die nach der späteren Lage des Primitivstreifens orientiert ist (Pfeil). Die Anfangslage der Marken wird so in der Beschreibung von vornherein auf die Keimfeldachse bezogen, während das in Wirklichkeit oft erst nachträglich im Rückschluß möglich war.

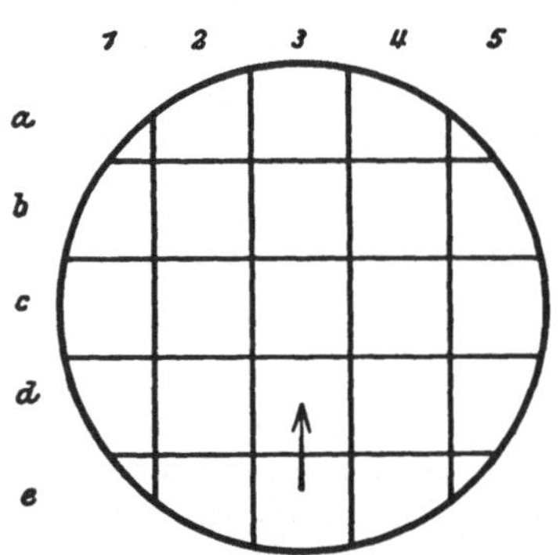

Abb. 77. Schema der Einteilung des formlosen Keimfeldes.

In den Versuchsbeschreibungen bedeutet die Abkürzung M.A. das Markierungsalter in Stunden, M.L. die Anfangslage der Marke; die Brutstunden (Std.) sind stets von Anfang der Bebrütung an gerechnet.

In der Zeichnung bedeutet 0,45 cm einen Teilstrich (t) des Okularmikrometers, ein solcher Teilstrich am Objekt 0,44 mm; die Zeichnungen sind somit etwa 10 mal vergrößert.

Unsere besondere Aufmerksamkeit gilt zunächst den
Markierungen des Faches 3,
in dem sich der Primitivstreifen bilden wird.

425 (Abbildungen siehe WETZEL *1925 [ähnlich 633, 738, 742]):*
M. A. 4 Std.

M. L. am Hinterrand des Keimfeldes, umfaßte die hintere Hälfte von 3 e, hintere Teile von 2 e und 4 e, außerdem die entsprechenden Randteile des Keimwalls.

Nach 5 Std. war die Marke kaum verändert; nach 7 Std. war sie zungenförmig nach vorn gestreckt (in 3 d) über fast zwei Fünftel der Keimlänge, die während der ganzen Zeit gleich geblieben war.

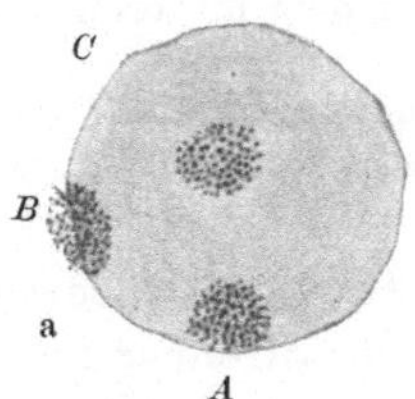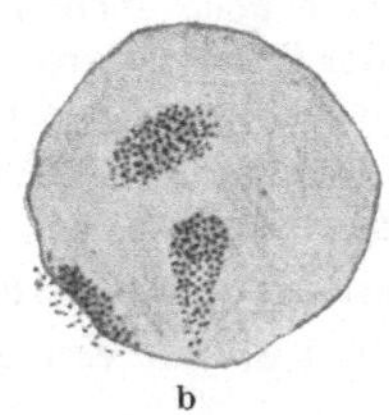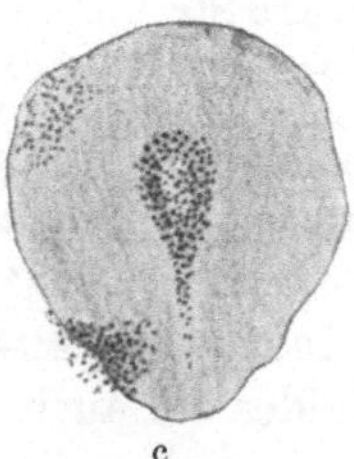

Abb. 78. 740, siehe auch S. 263, 264, 269, 271. Brutanfang 18. VII. 27, 12,10 Uhr nachm. 10✕ vergr.
a 18. VII. 27, 12,10 Uhr nachm.   *b* 18. VII. 27, 5,40 Uhr nachm.   *c* 18. VII. 27, 8 Uhr nachm.

Die Breite der Marke in Feld e war nicht wesentlich verändert. Das farbig vordringende Material war das des Primitivstreifens, einschließlich des Knotens, wie noch deutlicher der später zu besprechende Verlauf des Versuchs ergab.

Die Marke von 425 traf einen ziemlich großen Bezirk des Keimfeldes und noch des Keimwalls. Andere Versuche zeigen 3 e, wieder andere den hinteren Keimwallrand *allein* gefärbt.

740 Marke A Abb. 78:

M.A. 0 Std.

M.L. 3 e, bis dicht an dem Keimfeldrand.

Nach 3 Std. war die Marke kaum verändert, nur die Farbe schien am Keimfeldrand etwas blasser. Nach 5 Std. reichte die Marke vom Keimfeldrand bis in 3 e (bei unveränderter Keimfeldlänge); sie hatte die Gestalt einer Keule angenommen, indem sie im Vordergebiet des Streifens fast gleich breit blieb wie anfangs, während der zum Keimfeldrand reichende Farbstreifen schmal und blaß war.

618 Abb. 79:

M.A. 3 Std.

M.L. hinter 3 e (etwas links) auf dem Keimwall und noch eben in 3 e selbst.

Nach 6 Std. ragte ein schmaler Farbstreifen in Zusammenhang mit der Keimwallmarke nach 3 e hinein. Nach 9 Std.

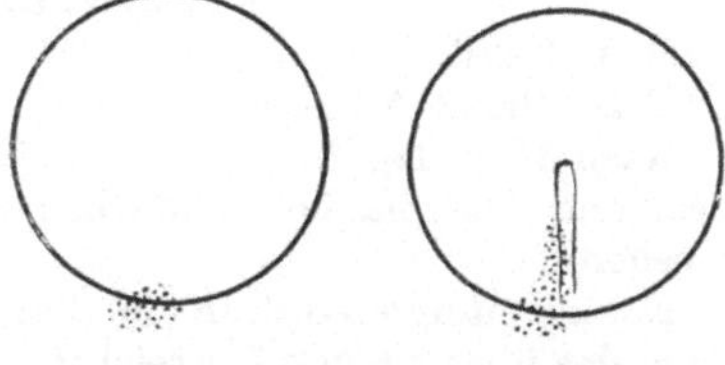

Abb. 79. 618, siehe auch S. 272. Brutanfang 14. III. 27, 9 Uhr vorm. 10✕ vergr.
a 14. III. 27, 12,30 Uhr nachm. *b* 14. III. 27, 6 Uhr nachm.

war ein Streifen bis zur Keimfeldmitte zu sehen; seine linke Hinterhälfte war von der Marke gebildet, die jetzt als Spitze vom Keimfeldrand aus bis über 3 d weg reichte.

Nach den bisher angeführten Versuchen entsteht der Streifen im hintersten Feld 3 e und wächst durch die Streckung dieses Feldes nach vorn;

dabei bildet sich vor allem der Vorderteil des Streifens aus dem Feld 3 e,
während der Hinterteil auch noch aus dem Keimwallbezirk Nachschub
erhält.

Ergänzend sei noch eine Markierung des hinteren Randes im Keim-
feldmittelstreifen 3 *nach* dem allerersten Auftreten des Primitivstreifens
angeführt.

404 (326, 328, 418, 430):

M.A. 5 Std.

M.L. über dem Keimfeldrand noch eben in 3 e, auf dem hinteren Teil des
Streifens, der über ein Viertel der Keimfeldlänge reicht.

Nach 9 Std. reichte der Streifen bis in die Keimfeldmitte; die Marke war weit
ausgezogen und reichte bis hinter das Streifenvorderende. Nach 10 Std. war die
Spitze der Marke ganz dünn geworden.

Versuche wie 404 zeigen, wie schon 618, daß die Vorwärtsbewegung
des Feldes 3 e auch nach dem ersten Erscheinen des Streifens im Gang

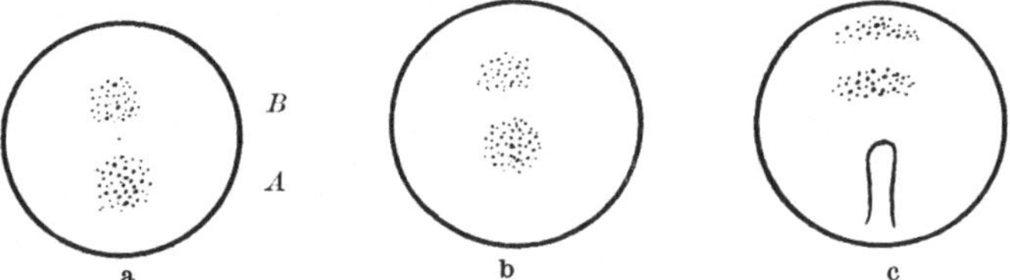

Abb. 80. 512, siehe auch S. 277.   Brutanfang 8. VI. 26, 1,30 Uhr nachm.   10× vergr.
a 8. VI. 26, 1,30 Uhr nachm. *b* 8. VI. 26, 4 Uhr nachm. *c* 9. VI. 26, 8,30 Uhr vorm.
(11 Stunden in 15⁰ C).

bleibt und dessen Mittel- und Hinterteil liefert. Ebenso deutlich ist, daß
dieser vorgestoßene Teil des Feldes 3 e immer schmäler wird.

Die folgenden Markierungen betreffen immer weiter nach vorn zu
liegende Teile des Mittelfaches 3.

512 (ähnlich 327, 423) Abb. 80:

M.A. 0 Std.

M.L. Marke A hauptsächlich in 3 d, Marke B halb und halb in 3 c und 3 b.

Nach 3 Std. lag die Marke A in 3 c, die Marke B zwischen 3 b und 3 a; Größe,
Form und Abstand beider Marken waren unverändert, der Streifen noch nicht
zu sehen.

Nach weiteren 3 Std. in 38⁰ C und nach 13 Std. in 15 ⁰ C war ein Streifen zu
sehen, der über 3 e und 3 d reichte. Die Marke A stand in 3 b, B in 3 a. Beide
Marken bedeckten wohl dieselbe Fläche wie vorher, waren aber nicht mehr rund,
sondern unter Verringerung ihres Abstandes nach beiden Seiten in die Fächer 2
und 4 hinein ausgezogen, außerdem konzentrisch zum Keimfeldvorderrand etwas
gekrümmt. Die Keimfeldlänge blieb ganz unverändert.

511 (ähnlich 327, 423, 637, 687 738):

M.A. 0 Std.

M.L. in 3 d.

Nach 3 Std. reichte ein Primitivstreifen über ein Drittel der unveränderten
Keimfeldlänge weg. Die Marke lag, etwas vergrößert, jetzt größtenteils in 3 c,
dicht vor der Spitze des Streifens.

424 (ähnlich 466, 626, 634, 635, 699, 742):

M.A. 3 Std.

M.L. im vorderen Teil von 3 d, in 3 c übergreifend.

Nach 8 Brutstunden war das Keimfeld wenig vergrößert (4 : $4^1/_2$). Der Streifen reichte bis in seine Mitte, die Marke lag in unveränderter Form und Größe zwischen 3 c und 3 b und bildete das allervorderste Streifenende und ein Stück des anschließenden Vorfeldes.

740 C (Abb. 78):

M.A. 0 Std.

M.L. etwas links vorn in 3 c, in 3 b und 2 b übergreifend.

Nach 3 Std. war die Marke nicht mehr rund, sondern etwas nach links ausgezogen; nach 5 Std. war sie nach vorn verschoben (sie reichte jetzt in 2 b), nochmehr nach links ausgezogen und konzentrisch zum vorderen Keimfeldrand etwas gekrümmt. Ihr Abstand vom Vorderende der Marke A (dem Vorderende des Streifens) war jetzt wesentlich verkleinert.

354, 355, 401.

Bei 354 lag die Marke in 3 c, bei 355 und 401 in 3 b: Auch diese Marken wurden während des ersten Streifenwachstums nach vorn bis nahe zum Keimfeldrand verschoben, sichelförmig nach beiden Seiten ausgezogen, in sagittaler Richtung verschmälert.

So zeigt das ganze Fach 3 eine einheitliche Vorwärtsbewegung, die wir am deutlichsten als *Vorstoß* und Verlängerung des Feldes 3 e, d. h. des *Primitivstreifenmaterials*, und als Verdrängung und Stauchung der Felder 3 d bis 3 a bezeichnen können, ohne damit über Art und Ort des wirklichen Bewegungsanstoßes etwas aussagen zu wollen.

Die genaue Lage des Streifenmaterials scheint in ganz frühen Stadien die *hintere* Hälfte von 3 e zu sein. Die Schwierigkeit, junge Streifen im Flächenbild überhaupt zu sehen, bringt wohl die Widersprüche zwischen den Versuchen 512 A — 511 — 424 hervor; ungefähr gleich liegende Marken fassen abwechselnd Vorfeld weit oder dicht vor dem Streifen, schließlich sogar noch dessen vorderstes Ende. So waren wohl 511 und 424 schon älter als 512, obwohl ihnen das nicht anzusehen war. Die schon 3 stündige Anbrütung bei 424 stimmt mit dieser Vermutung überein.

Das Bewegungsbild des Mittelfaches ist jetzt durch

Markierungen der Seitenfächer

1 und 2 (= 4 und 5) zu ergänzen.

Eine offenbar ganz frühe Färbung des Feldes 2 d gibt der Versuch 509 B.

509 B Abb. 81:

M.A. 0 Std.

M.L. ziemlich genau in 2 d, nicht bis zum Keimfeldrand reichend.

Nach 6 Std. war die Marke etwas nach medial verschoben, über 2 d und 3 d, während eine zweite Marke A unverändert in 4 b lag. Nach 19 Std. (davon 13 in 15° C) erstreckte sich ein Streifen über ein Viertel der Keimfeldlänge; die Marke B lag jetzt in 2 c und 3 c, links vor dem Streifenende.

Der Versuch 509 erlaubt uns einen Blick auf Materialverschiebungen *vor* dem Erscheinen des Streifens. Eine Medial- und Vorwärtsbewegung rückt seitliches Gebiet in den Bereich der „Stoß"richtung des Streifens und wird mit seinem Vorfeld vorgeschoben. Ähnliche Versuche, die Frühbewegung des Keimfeldes festzustellen, sind noch nicht eindeutig gelungen; wir müssen uns mit den Andeutungen von 509 und 512 begnügen.

Die folgenden Versuche zeigen das Schicksal der Randfelder des formlosen Keimfeldes in unmittelbarer Beziehung zum bald nach der Markierung erscheinenden Streifen.

633 (ähnlich 425):

M.A. 3 Std.

M.L. breit über 3 e, 2 e und in 1 d, sogar etwas nach 1 c, dicht am Keimfeldrand.

Ähnlich wie bei 425 streckte sich in 6 Std. aus der dem hinteren Keimfeld entlang gekrümmten Marke heraus breit der Streifen bis zur Keimfeldmitte in 3 c; 2 e blieb währenddem unverändert, aus 1 d aber war die Marke nahezu verschwunden, der Bogen damit schmäler geworden. Nach 9 Std. war der Streifen weiter herausmodelliert, vor allem durch medial-hinterwärts gerichtete Verschiebung der seitlichen Teile der Marke; 1 d war jetzt fast farbfrei.

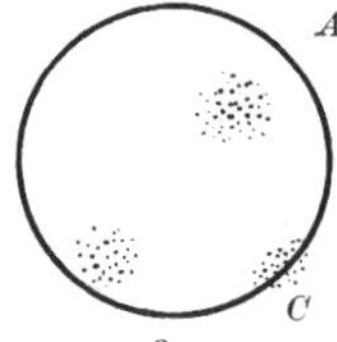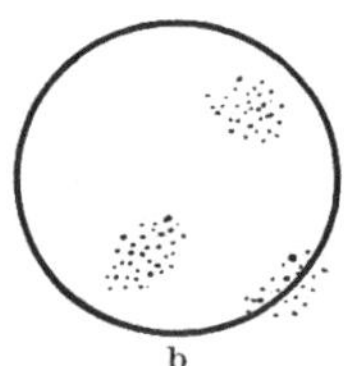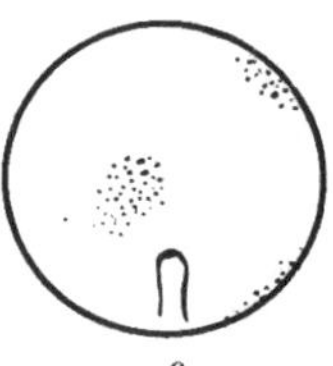

Abb. 81. 509, siehe auch S. 276. Brutanfang 8. VI. 26, 12,40 Uhr nachm. 10× vergr.
a 8. VI. 26, 12,40 Uhr nachm. b 8. VI. 26, 4,35 Uhr nachm. c 9. VI. 26, 7,15 Uhr vorm.
(11 Stunden in 15° C).

452 (ähnlich 738, 619):

M.A. 8 Std.

M.L. 1 d, am Keimfeldrand.

Nach dem Erscheinen des Streifens war die Marke nach hinten verschoben und medialwärts zum Streifen hin ausgedehnt.

740 B (509 C; Abb. 78):

M.A. 0 Std.

M.L. auf dem Keimfeldrand in 1 c und d.

Nach 3 Std. war die Marke nach hinten medial, nach 2 c hin verschoben, nach 5 Std. aus dieser Lage heraus weiter nach medial gedehnt in Richtung auf den Ausgangsort des Streifens vom Keimfeldrand (3 e).

Im Gegensatz zum Feld 3 e sehen wir die Randfelder 2 e und 1 d in einer langsamen Bewegung dem Rand entlang auf 3 e sich verschieben und in die Lücke eingreifen, die im hinteren Teil des Primitivstreifens bei der Vorwärtsdehnung von 3 e sich bemerkbar machte (740 A).

626:

M.A. 2 Std.

M.L. dem Keimfeldrand parallel etwas gekrümmt in 2 d (e) und 4 d (e), außerdem hälftig über 3 d und 3 e, ohne den Keimfeldrand zu erreichen.

Nach 9 Std. war ein kurzer Streifen (ein Fünftel der Keimfeldlänge) zu sehen. Die Marke hatte sich gerade gestreckt und lag jetzt ziemlich genau quer über 2 bis 4 d. Ein kurzes Vorderstück des Streifens ragte schwach gefärbt nach hinten in 3 e hinein.

Nach 11 Std. lag die Marke, weiter verschmälert, in 2 bis 4 c; sie bildete jetzt einen leichten Bogen, umgekehrt wie anfangs dem *vorderen* Keimfeldrand parallel, und erstreckte sich außerdem nach 3 d als vorderster Teil des Streifens.

634 (ähnlich 635, 348) Abb. 82:

M.A. 3 Std.

M.L. in ähnlichem Bogen wie 626, aber mehr nach rechts reichend über Teile von 2 d, 3 d und 3 e, 4 d und weiter nach oben durch 5 c hindurch bis zum Keimfeldrand.

Nach 7 Std. war ein ungefärbter Streifen gebildet, der bis 3 d, nach 9 Std. bis 3 c reichte. Die Marke war so verschoben, daß ihr mittlerer Teil in engem Bogen um das Streifenvorderende herum in 3 c (2 c, 2 d), später in 3 b hineinreichte. Seitlich blieb sie mit dem Gebiet am Keimfeldrand in Verbindung, das den Vormarsch nicht mitgemacht hatte, sogar etwas nach hinten verschoben worden war; die Marke war dadurch S-förmig gekrümmt.

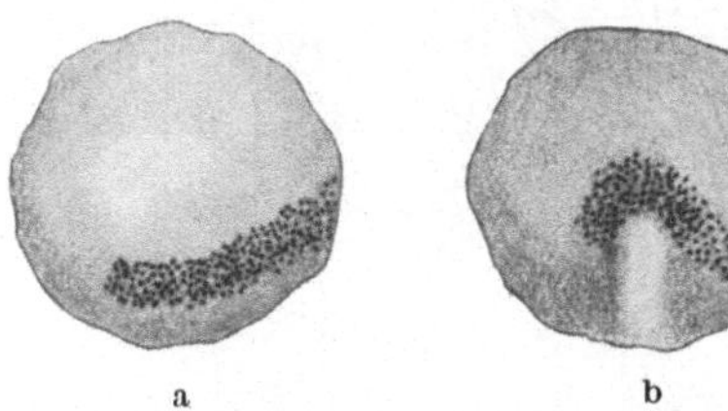

Abb. 82. 634.   Brutanfang 18. III. 27, 9 Uhr vorm.
10× vergr. *a* 18. III. 27, 12,30 Uhr nachm.
b 18. III. 27, 4 Uhr nachm.

Die beiden Versuche zeigen, wie sich die Felder 2d und 2c einerseits im Anschluß an die Medialbewegung nach dem Streifen zu, andererseits im Anschluß an dessen Vorstoß nach vorn verschieben. Einen dem Markierungserfolg von 634 nahezu entsprechenden Verlauf zeigt der Versuch, bei dem etwas später, nach dem Erscheinen eines kurzen Streifens, die Marke quer (dem 2. Stadium von 633 entsprechend!) vor den Streifen gelegt worden war.

687 Abb. 83:

M.A. 4 Std., ganz kurzer Streifen zu sehen.

M.L. quer über 2 c, 3 c, 4 c, kurz vor dem Vorderende des Streifens.

Nach 11 Std. war das Keimfeld etwas verlängert; die Markenmitte war etwas nach vorn, die Seitenteile etwas nach hinten verschoben, so daß ein eng gekrümmter Bogen in kleinem Abstande das Vorderende des Streifens umgab.

Das Feld 1 c, das bei 634, 633, 740 B (5 c) mit getroffen wird, zeigen andere Versuche allein markiert.

508 B (ähnlich 731) Abb. 84:

M.A. 0 Std.

M.L. 1 c.

Nach 4 Std. war ein Streifen über ein Drittel der Keimfeldlänge zu sehen. Die Marke lag noch in 1 c, während sie sich nach 6 Std. etwas gegen 2 d und 2 c verschoben hatte.

Diese Medialwärtsdehnung des Feldes 1 c ist nun wohl auch für die Einengung der Marke von 626 verantwortlich zu machen.

Markierungen der anschließenden Vorder- (seitlichen) Felder,
soweit sie nicht schon an früheren Versuchen (740) getroffen waren, sollen
das Bewegungsbild des formlosen Keimfeldes vollends ergänzen.

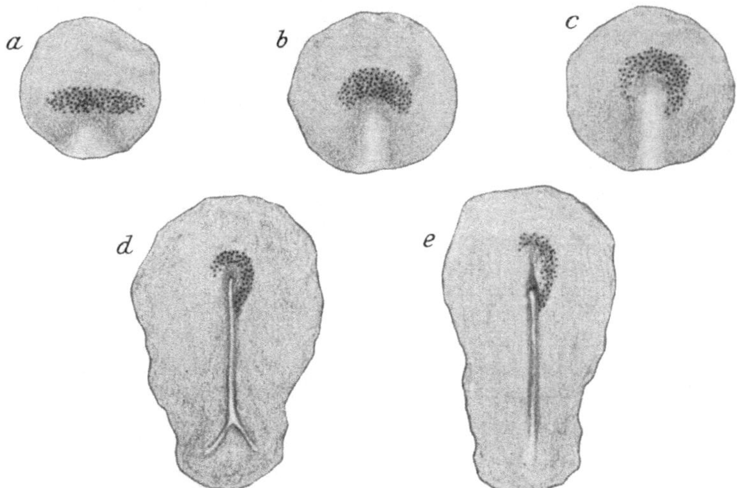

Abb. 83. 687. Brutanfang 12. V. 27, 8 Uhr vorm. 10× vergr. *a* 12. V. 27, 12,40 Uhr nachm.
b 12. V. 27, 7,10 Uhr nachm. *c* 12. V. 27, 10,30 Uhr nachm. *d* 13. V. 27, 8,20 Uhr vorm.
e 13. V. 27, 7,10 Uhr nachm.

736 B:

M.A. 0 Std.
M.L. 2 c.
Nach 5 Std. reichte ein Primitivstreifen in die Keimfeldmitte. Die Marke war
dabei etwas in die Länge gezogen, stand aber im wesentlichen noch in 2 c, links
seitlich vom Primitivstreifenvorderteil.

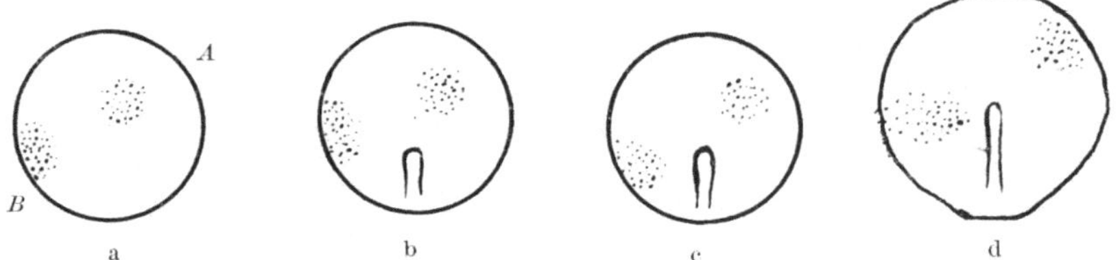

Abb. 84. 508, siehe auch S. 275. Brutanfang 8. VI. 26, 12,30 Uhr nachm. 10× vergr.
a 8. VI. 26, 12,30 Uhr nachm. *b* 8. VI. 26, 4,30 Uhr nachm. *c* 8. VI. 26, 6,30 Uhr nachm.
d 9. VI. 26, 8 Uhr vorm. (11 Stunden in 15° C).

Das Feld 2 c bleibt während der ganzen Bewegungen stehen. Es ist,
bildlich gesprochen, der Dreh- oder Angelpunkt, um den herum die vorwärts und seitwärts gerichtete Bewegung, die wir an 3 c, b, a schon kennen gelernt haben, in die Rückverschiebung der Randfelder 1 c und d
umbiegt.

Als Folge verschiedenen Markierungsalters äußerlich gleich scheinender Keimfelder ist es wohl wieder zu verstehen, daß die Marken der Vorfelder 2 b, 3 b, 4 b je nach dem Entwicklungsalter verschieden rasch nach vorn verschoben und in Bögen ausgezogen werden, wie es z. B. die schon beschriebene Marke C von 740 zeigte. Bei anderen kleinen Widersprüchen muß berücksichtigt werden, daß auch die Felderbestimmung und -einteilung ja nachträglich und schematisch ist, vollends, da die absolute Größe der Keimfelder, wenn auch in geringem Maße, schwankt.

509 A (Abb. 81):

M.A. 0 Std.

M.L. in 4 b.

Nach 7 Std. lag die Marke schmal ausgezogen am vorderen rechten Keimfeldrand in 4 a und 5 a.

Noch rascher als die Felder b verschieben sich die Felder a nach dem Keimfeldrand hin.

685:

M.A. 6 Std.

M.L. in leichtem Bogen hälftig über 2—4 a und 2—4 b.

Nach 10 Std. reichte ein Primitivstreifen über zwei Fünftel der Keimfeldlänge. Die Marke bildete eine dünne, breit ausgezogene Sichel am Keimfeldrand.

Mit diesen letzten Vorfeldteilen ist das ganze, formlose Keimfeld bezeichnet, durch Marken, die bis zum Ende unseres ersten größeren Entwicklungsabschnittes verfolgt wurden, bis zur Bildung des Primitivstreifens im runden Keimfeld. Bevor wir zusammenfassen, was zu sehen war, sei die Kritik, die wir von vornherein an der Markierung des Hühnchens üben mußten, noch auf die nun vorliegenden Befunde angewandt.

Erste Frage: Könnten die Veränderungen der Marken auch Stoffwechselbahnen bezeichnen, Farbtransport statt Verschiebung gefärbten Materials?

Man könnte gegenüber dem Ausziehen der hinteren Randmarke wohl auf diesen Gedanken kommen, vor allem in dem Sinne, daß der „Stoff" vom Dotterrande her an den Ort der lebhaftesten Zellvermehrung strömt, in den Primitivstreifen. Wenn aber die anderen Marken, die zum Teil ganz dicht vor ihm lagen (634), *gar* keine Farbe an ihn abgeben, so ist doch wahrscheinlicher, daß es sich, hier wie dort, um einmal gefärbtes und nun verschobenes *Material* handelt. Um so mehr, als alle den hinteren oder hinter-seitlichen Keimfeldrand nicht berührenden Marken sich ganz frei, ohne Farbspuren zu hinterlassen, im Keimfeld bewegen.

Zweite Frage: Liegen unsere Marken im Ektoderm, sind ihre Bewegungen Oberflächenbewegungen?

Um dies zu entscheiden, mußte präpariert werden; dabei zeigte sich, daß immer nach dem Ablauf des Versuchs die beschriebenen Marken durch Ektodermfärbung bedingt waren. Nicht immer lag darunter ganz ungefärbtes Entoderm. Es *ist* unmöglich, einen Farbdurchschlag auf dieses Blatt mit Sicherheit zu verhüten; solange wir aber Oberflächenbewegungen des Keimfeldes feststellen wollen, genügt es, zu wissen, daß nicht etwa das gefärbte tiefere Blatt einen solchen Vorgang vortäuschte, durchschimmernd durch ein Ektoderm, dessen Farbe völlig abgesackt, nach unten verschwunden wäre. An tieferen Schichten handelt es sich ja zunächst nur um das meistens ganz dünne Entoderm, erst später um das auswachsende freie Mesoderm. Seine schon im Schnittbild ermittelte Wachstumsrichtung geht nach beiden Seiten; bei den entsprechenden Farbmarken ist dies nie zu sehen, also liegen sie nicht im Mesoderm. Eine auffallende Parallele sei noch genannt: die zwischen der Umformung des Entodermhofes (nach der Formenreihe, Abb. 1, 2) und der Verschiebung und Sichelbildung der Vorfeldmarken. Da auch in diesen Versuchen das Ektoderm tatsächlich der verantwortliche Farbträger war, bleibt nur anzunehmen, daß Ektoderm- und Entodermveränderung im Vorfeld gleichsinnig vor sich gehen. Die bezeichnende Umformung der Ektodermmarken findet sich ja außerdem nicht nur im Bereich des Hofes, sondern auch, konzentrisch dazu, davor und dahinter.

Fassen wir jetzt die Ergebnisse der Versuche materialgeschichtlich zusammen, so handelt es sich um einen Vorstoß des hinteren Randgebietes bis in die Keimfeldmitte, gleichzeitig um Verdrängung und Stauchung der ganzen mittleren und vorderen Teile des Keimfeldes (Abb. 91, 92). Sie rücken nach beiden Seiten und, im mittleren Randgebiet, nach hinten ab und schließen sich damit endlich an die hinter- und medialwärts gerichtete Bewegung der seitlich-hinteren Randfelder an. Die ganze Wirbelbewegung kreist um eine Stelle äußerer Ruhe, die ungefähr dem seitlichen Teil des Feldes 2 c entspricht. Daß die Umlagerung auf die Bildung des Primitivstreifens zielt, ist ohne weiteres klar und in der Beziehung der ganzen Bewegung auf seinen „Vorstoß" zum Ausdruck gebracht. Was darunter, wie überhaupt unter der Umlagerung von Zellverbänden, eigentlich zu verstehen ist, können wir hier nicht ergründen. Mit den alten Vorstellungen von Druck und Schiebung durch lokale Zellvermehrung ist jedenfalls auch hier nichts zu erklären. Die Verteilung der Flächen ändert sich dahin, daß die hinteren zwei Fünftel des Keimfeldes gegenüber den vorderen drei Fünfteln sich ausbreiten (vgl. dazu vor allem auch den Versuch 634 als Negativ, 425 als Positiv); den Geländeverlust macht das Vordergebiet allerdings zum Teil durch sein Abschwenken nach hinten wett. Zwei Besonderheiten bestimmter Marken seien schon hier erwähnt, obwohl sie sich im nächsten Entwicklungsabschnitt erst eigentlich ausprägen: das Schmäler- und Blasserwerden des hinteren Teiles von Primitivstreifenmarken und eine gewisse Verschwommenheit aller Marken, die den äußeren Rand des Feldes und den Keimwall getroffen haben. Im Primitivstreifengebiet stimmt die Verschmälerung der Marken sehr wohl mit der Medialbewegung der seitlich hinteren Bezirke zusammen; daneben spielt aber zweifellos noch eine Verdünnung der Farbe in den sich lebhaft vermehrenden Zellen des Streifens eine Rolle — in gewissem Maße wohl auch eine Zerstörung der Farbe im Zellstoffwechsel. Er ist es wohl auch, der, wie von vornherein zu erwarten war, in den Randfeldern und gar im Keimwallgebiet die Marke beeinflußt und ihre Zuverlässigkeit in diesem besonderen Bezirk herabsetzt.

Nachdem der Primitivstreifen ungefähr die Mitte des runden Keimfeldes erreicht hat, sind die nächsten auffallenden Formveränderungen

B. die Verlängerung des Keimfeldes und die Ausgestaltung des Primitivstreifens.

Die früheren Messungen haben schon ergeben, daß sich die Birnform des Keimfeldumrisses durch eine *hintere Ausbuchtung*, eine Ausbreitung nach rückwärts, ausbildet. Ihre erste Entstehung soll durch einige Versuche der

Markierung des hinteren Keimfeldrandes

dargestellt werden.

Das Markierungsalter wird dabei nicht mehr, wie bisher notgedrungen, nur durch die Brutstunde, sondern hauptsächlich durch die Keim*form* bezeichnet, auf sie kann nun auch die Lage der Marken bezogen werden. Die Bezeichnung „t" bedeutet die Teilstriche des Okularmikrometers, die, nur als Verhältnismaße wichtig, nicht in Millimeter umgerechnet sind (1 t $=0{,}44$ mm).

410 (ähnlich 404, 425):

M.A. 10 Std. Rundes Keimfeld, 4 t lang, Streifen 2 t lang.

M.L. $^1/_2$ t lang auf dem Streifenhinterende.

Nach 13 Std. war das Keimfeld ausgebuchtet und auf $4^1/_2$ t, die Marke auf 1 t verlängert. Nach 13 Stunden war das Keimfeld 5 t, die Marke $1^1/_2$ t lang und spitz ausgezogen.

Die Verlängerung des Keimfeldes durch die hintere Ausbuchtung entspricht genau der Verlängerung der Marke.

376 Abb. 85:

M.A. 4 Std. Rundes Keimfeld, Streifen bis zur Mitte.

M.L. bedeckt das hintere Drittel des Streifens und reicht noch etwas seitlich von ihm.

Nach der ersten Keimfeldverlängerung und Ausbuchtung bildete die Marke zwei Fünftel des Streifens. Sie hatte sich damit spitzig etwas nach vorn und breit nach hinten verlängert. Die vorgeschobene Spitze verblaßte später, die Basis bildete, etwa doppelt so lange wie die Anfangsmarke, nahezu die ganze hintere Keimfeldbucht.

Was die angeführten Versuche gefärbt zeigen, sparen andere Markierungen ungefärbt aus.

740 B, Fortsetzung (ähnlich 699) Abb. 78:

Die Marke B war aus 1 c, 1 d nach 2 e verschoben und schließlich nach 3 c zu gedehnt, ohne die Mitte des Hinterrandes von 3 e zu erreichen. Der seitliche

Vorderrand der Marke lag $3^1/_2$ t vom Keimfeldvorderrand entfernt, ihr Hinterrand als Stück des Keimfeldhinterrandes 5 t. Die hintere Ausbuchtung verlängerte
nach 8 Std. das Keimfeld auf 6 t. Die Bucht selbst war ganz ungefärbt; die Mar-

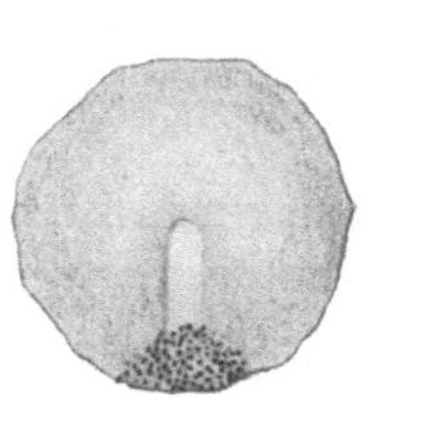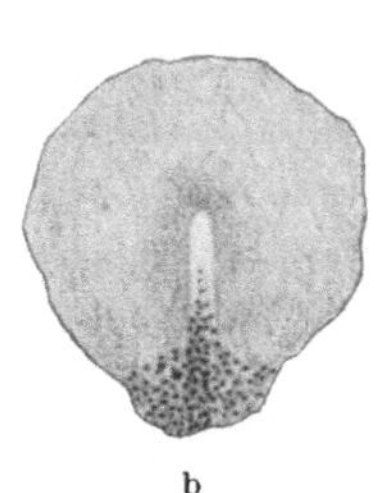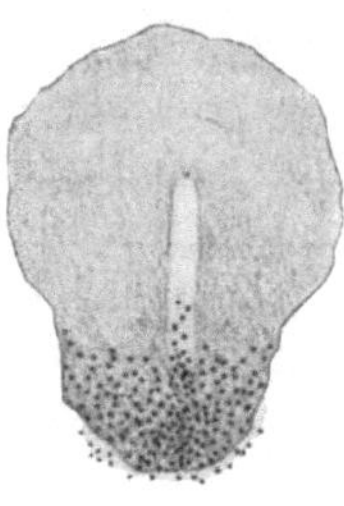

a　　　　　　　　　　　b　　　　　　　　　　　c

Abb. 85. 376.　Brutanfang 7. VIII. 25, 2,30 Uhr nachm. 10× vergr. *a* 7. VIII. 25, 6,30 Uhr nachm.
b 8. VIII. 25, 11,35 Uhr vorm.　*c* 8. VIII.'25, 8,35 Uhr nachm.

kenvordergrenze war gleich weit vom Keimfeldvorderrand entfernt, die Hintergrenze lag etwa 1 t vor dem Keimfeldhinterrand.

686 Abb. 86:

M.A. 6 Std., der Streifen reicht bis zur Mitte des runden Keimfelds.
M.L. quer vom hinteren Drittel des Streitens nach links bis zum Keimfeldrand; das hinterste Ende des Streifens bleibt ungefäibt.

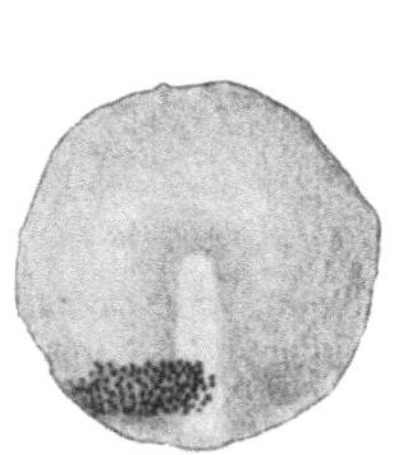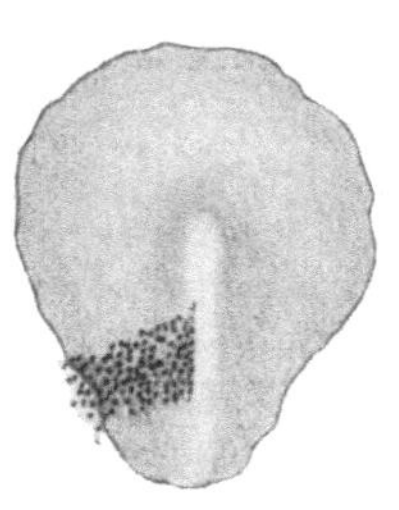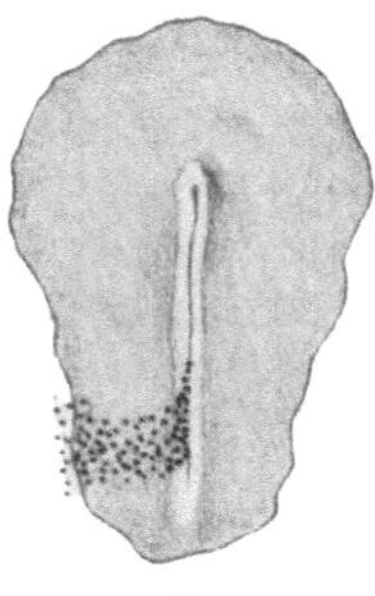

a　　　　　　　　　　　b　　　　　　　　　　　c

Abb. 86. 686.　Brutanfang 12. V. 27, 8 Uhr vorm. 10× vergr. *a* 12. V. 27, 2,20 Uhr nachm.
b 12. V. 27, 7,50 Uhr nachm.　*c* 12. V. 27, 10,40 Uhr nachm.

Nach 10 Std. war das Keimfeld oval geworden. Die hintere Ausbuchtung.
war ungefärbt, die Marke etwas verbreitert, mit dem Keimfeldrand und der
Streifenmitte in Zusammenhang geblieben, etwas nach vorn ausgeschwungen.
Die Färbung hielt sich ganz scharf auf der linken Primitivfalte.

Die erste hintere Ausbuchtung entsteht also dadurch, daß der hinterste Teil des runden Keimfeldes sich mitsamt dem Streifen, der ihn
durchzieht, verlängert.

Im übrigen erschwert die gleichzeitig oder kurz darauf beginnende
Ablösung des Ektoderms vom Keimwall (Dotterwallbildung) die Beurtei-
lung der Hinterrandmarken, besonders deshalb, weil der Keimwall bzw.
Dotterwall selbst sehr leicht durch das Ektoderm hindurch Farbe an-

nimmt. Die Verlängerung der Marken zeigt aber, daß es sich bei der Veränderung des Keimfeldes nicht nur um eben jene Ektodermablösung, sondern um eine wirkliche Vergrößerung des hinteren Bezirks des runden Keimfeldes handelt. Immerhin bedürfte gerade diese Umbildung noch einer näheren Untersuchung. Dabei muß ganz allgemein über die letzten Versuche gesagt werden, daß die Ausbreitung der Farbe im hinteren Teil des Streifens sicher sowohl ektodermal als auch vor allem mesodermal ist, ohne daß die bisherigen Versuche näheres darüber hätten erkennen lassen. Es scheint, daß das Ektoderm der ganzen hinteren Ausbuchtung während ihrer Entstehung ohne wesentliche Verschiebungen nur an Ausdehnung zunimmt und in der Mittellinie das erste freie hintere Mesoderm liefert.

Das weitere Schicksal des Primitivstreifenmaterials während seiner Ausgestaltung zeigen am besten die Versuche, in denen der

Streifen vom Anfang an von 3 e aus in ganzer Länge gefärbt

war. Dabei war die Farbe im Vorderteil stärker geblieben als im hinteren, wo sie bald weniger deutlich und auf einen schmäleren Bezirk beschränkt erschien (740 A, Abb. 78).

425 Fortsetzung (ähnlich 632; Abb. siehe auch WETZEL *1925):*

Nach anfänglich breitem Vorwachsen erschien die Primitivstreifenmarke nach 11 Std., nachdem das runde Keimfeld auf 6 t verlängert war, auf 3 t verlängert. Die Marke war jetzt in zwei Teile gegliedert, einen vorderen, der in deutlicher Stärke das Primitivstreifenvorderende bildete und nur mehr durch einen schmalen Faden mit einem hinteren Teil verbunden war. Dieser hintere Abschnitt der Marke bildete breit die hintere Keimfeldausbuchtung. Ein spitz nach vorn ziehender Fortsatz lief in den Verbindungsfaden aus. Nach 23 Std. lag der Vorderrand der Marke 1,5 t hinter dem Vorderrand des Keimfeldes und bildete dort, 1 t lang, den Primitivknoten und seine unmittelbare Umgebung. Hinter der Marke erstreckte sich der Primitivstreifen 4 t lang *ganz ungefärbt* gegen den Keimfeldrand hin; erst ein letzter Teil des Streifens von 1 t Länge war mit dem seitlich von ihm liegenden Gebiet noch gefärbt. Am Keimfeldrand entlang war die Farbe besonders deutlich.

Die einheitliche aus 3 e und Teilen von 2 e und 4 e hervorgewachsene Marke ist demnach im Laufe des Primitivstreifenwachstums in einen vorderen Knotenteil und einen kleinen, am hintersten Keimfeldrand verbleibenden Bezirk getrennt worden. Einzeln ist dies an den Marken zu sehen, die entweder nur den Keimfeldinnenteil oder nur den Keimwallrandteil der Marke 425 getroffen hatten.

740 A, Fortsetzung (ähnlich 267, 438, 736; Abb. 78):

Die anfangs in 3 e innerhalb des Keimfeldes liegende Marke bildete zunächst den ganzen Primitivstreifen, um sich dann immer mehr auf seinen vordersten Teil zu beschränken. Nach 25 Std. bildete die Marke A, nur mehr $1^{1}/_{2}$ t vom Keimfeldrand entfernt, den Primitivknoten und seine Umgebung, während der $4^{1}/_{2}$ t lange Streifen dahinter ganz ungefärbt war.

618, Fortsetzung (Abb. 79):

Die vom Keimwall aus lang nach vorn gestreckte Marke war im Keimfeld nach 12 Std. nur mehr als blasser Faden erkennbar.

404, Fortsetzung (326, 328, 426):

Die vom Keimwall aus vorgestoßene Marke lag von Anfang an hinter dem Vorderende des Streifens, erreichte es aber noch in der 11. Brutstunde mit 3,5 t Länge nahezu. Nach 18 Std. hatte die verblaßte Marke mit etwa 2 t Länge nur mehr sehr wenig Anteil an der Bildung des $6^1/_2$ t langen Primitivstreifens.

Diese verhältnismäßige Materialruhe der Gegend des Primitivknotens und, abgesehen von der Verlängerung durch die erste Keimfeldausbuchtung, des hinteren Streifenteils zeigen auch die Versuche, in denen diese Enden erst im Laufe des Streifenwachstums markiert wurden.

329 (ähnlich 290, 345, 352, 405, 422):

M.A. 6 Std. Rundes Keimfeld, Primitivstreifen über die Hälfte seiner Länge.

M.L. auf dem *Vorderende* des Streifens. Während der ganzen Ausgestaltung des Streifens blieb die Marke geschlossen und bildete sein Vorderende.

Die folgende Markierung zeigt das Schicksal einer hinteren Marke bis zur Streifenausgestaltung.

426 (ähnlich 72, 73):

M.A. 3 Std. Das Keimfeld ($4^1/_2$ t lang) fängt eben an oval zu werden. Streifen 2 t lang.

M.L. 1 t lang auf der *hinteren* Hälfte des Streifens.

Nach 11 Std. war das Keimfeld auf 6 t, die Marke auf 2 t, der Streifen auf 3 t verlängert. Die Marke war breit nach vorn ausgezogen. Im weiteren Verlauf des Streifenwachstums auf 4 t ging noch ein spitzer Fortsatz aus der breiten, 2 t langen Marke nach vorn, der aber später, als der Streifen 5 t lang geworden und dem vorderen Keimfeldrand auf 2 t genähert war, verschwand. Die Marke war in diesem Stadium nur noch $1^1/_2$ t lang. Im übrigen breitete sich die Farbe dem Keimfeldrand entlang aus.

Die Neumarkierungen zeigen, wie die durchlaufenden Frühversuche, daß nur das Vorderende des Streifens und auch (nach seiner anfänglichen Verlängerung durch die erste hintere Keimfeldausbuchtung) sein Hinterende während des Streifenwachstums die Farbe behalten, die sie aus dem Randmittelfeld 3 e bezogen haben, während der mittlere und jetzt hauptsächliche Teil des Streifens diese *Farbe stets verliert.* Das Verschwinden der Farbe könnte vielleicht allein auf die rasche Zellvermehrung des Gebietes, andererseits aber auch auf Materialverlagerungen der Keimfeldoberfläche zurückzuführen sein. In diesem letzteren Fall müßte durch

Markierung des Streifens von der Seite her

ihm die Farbe (das Material) neu zugeführt werden, die aus seinem Mittelteil verschwindet.

699 Abb. 87:

M.A. 6 Std. Rundes Keimfeld, noch kein Streifen sichtbar.

M.L. gebogen über 2 e, 2 d und 3 d, unter Streifung von 1 d.

Nach 11 Std. war das Keimfeld etwas verlängert, der Streifen reichte über zwei Fünftel seiner Länge. Die Marke war fast gerade gestreckt; ihr 3 d-Teil lag links vorwärts vom Streifen gegen 2 c zu, ihr 2 d- und e-Teil anschließend links vom vorderen und mittleren Teil des Streifens, parallel zu seiner Richtung. Nach 24 Std. (verzögerter Bebrütung) reichte der Streifen über die Hälfte der Keimfeldlänge. Die Marke lag links seinem Vorderende dicht an und bildete im übrigen die *ganze linke Primitivfalte* mit Ausnahme des hintersten Streifenviertels. Dieses Bild blieb im wesentlichen gleich, als nach 28 Std. der Streifen in dem auf 7 t gewachsenen Keimfeld 4$^1/_2$ t lang geworden war. Immerhin begann jetzt die Farbe der Primitivfalte von hinten her zu verblassen und nach 30 Std. war auch das mittlere Streifendrittel entfärbt.

In dem Versuch 699 ist es nun wirklich gelungen, die linke Primitivfalte fast in ganzer Länge und fast für die ganze Streifenwachstumszeit zu markieren, und zwar von der Seite her. Das durch die Marke hinten ausgesparte Feld entspricht ganz genau in seinem Schicksal einer Marke wie 425. Die *Medial*bewegung der Felder 2 d (und 2 e) und 1 c, die sich an den Vorstoß der Spalte 3 anschließt, führt dem Streifen von der Seite

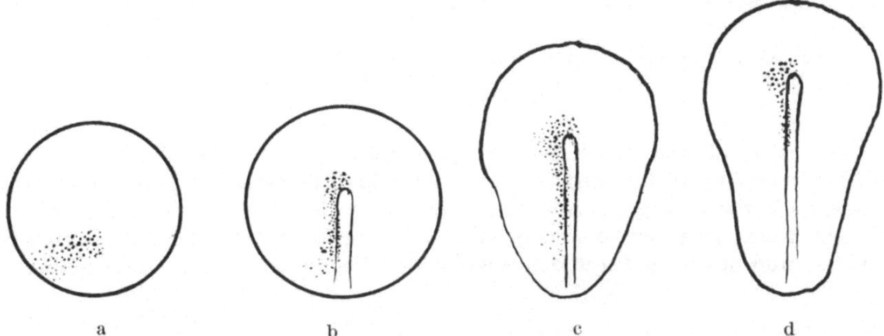

a   b   c   d

Abb. 87. 699. Brutanfang 19. V. 27, 8 Uhr vorm. 10× vergr. *a* 19. V. 27, 2,35 Uhr nachm. *b* 20. V. 27, 8,50 Uhr vorm. (13 Stunden in 20° C). *c* 20. V. 27, 4,30 Uhr nachm. *d* 20. V. 27, 12 Uhr nachts.

her neues Material zu, das ihn zur selben Zeit erreicht, da in den früher beschriebenen Versuchen die ursprüngliche Farbe aus der Streifenmitte verschwindet.

Ebenso von der Seite her sollte der Primitivstreifen in einer Reihe von Versuchen getroffen werden, bei denen erst später markiert wurde, nachdem der Streifen schon mehr oder weniger deutlich gebildet war.

619 A und B:

M.A. 6 Std., Primitivstreifen reicht (undeutlich zu sehen) über ein Fünftel des runden Keimfeldes.

M.L. beiderseits der vorderen Hälfte des Streifens, links etwas mehr vorn und mehr am Rand.

Nach 8 Std. reichte der Streifen über die Hälfte des Keimfeldes weg. Die rechte Marke hatte seine rechte Grenze erreicht und sich ihr entlang spitz ausgezogen, die linke Marke war vom Keimfeldrand weg nach medial verschoben und lag seitlich von der Streifen*mitte*. Nach 9 Std. erreichte auch die linke Marke den Streifenrand; nach 12 Std. war sie ihm entlang ausgezogen und bildete über den größeren mittleren Teil des Streifens weg die linke Primitivfalte. Dieser Zustand der linken Marke blieb während des ganzen Streifenwachstums gleich, die rechte Marke dagegen war schon nach 12 Std. im Begriff, zu verschwinden.

477 A und B (ähnlich 289, 325, 350, 608) Abb. 88:

M.A. 14 Std. Rundes Keimfeld, 5 t lang, Streifen fast 3 t lang.

M.L. 1 t lang beiderseits des Streifens, fast symmetrisch zur Mittellinie mit 1 t Zwischenraum und $2^1/_2$ t Abstand des Vorderrandes der Marken von dem des Keimfeldes.

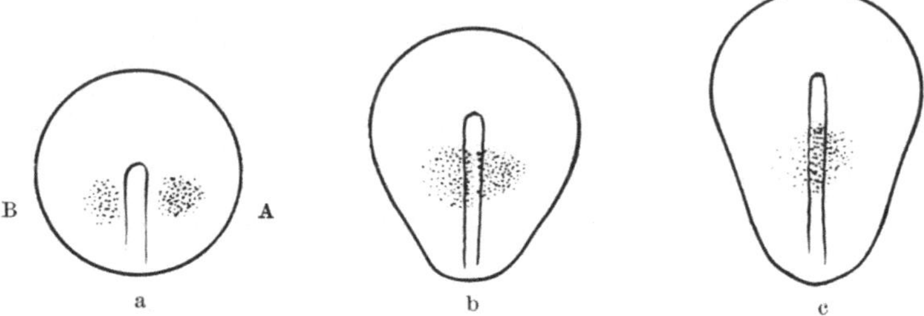

Abb. 88. 477, siehe auch S. 279.   Brutanfang 17. III. 26, 6 Uhr nachm.   10✕ vergr.
a 18. III. 26, 8,10 Uhr vorm.   *b* 18. III. 26, 5,25 Uhr nachm.   *c* 19. III. 26, 3,30 Uhr nachm.
(15 Stunden in 20° C).

Nach 23 Std. war das Keimfeldoval nur 6 t lang. Die Marken hatten sich auf $1^1/_2$ t verlängert, ihr Abstand vom Keimfeldvorderrand war gleich geblieben, (die erste Verlängerung des Keimfeldes geht vom Hinterbezirk aus!). Die beiden Marken waren einander so weit genähert, daß sie die Ränder der Primitivfalten bildeten und nur noch durch den ungefärbten Boden der Primitivrinne getrennt

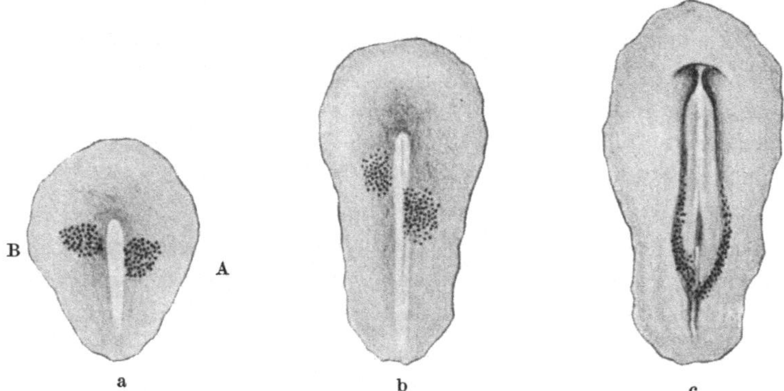

Abb. 89. 475, siehe auch S. 302.   Brutanfang 17. III. 26, 6 Uhr nachm.   10✕ vergr.
a 18. III. 26, 8 Uhr vorm.   *b* 18. III. 26, 4 Uhr nachm.   *c* 19. III. 26, 7 Uhr nachm.
(15 Stunden in 20° C).

waren. Noch später waren die beiden Marken ganz vereinigt, auf 2 t verlängert. Der Abstand ihres hinteren Randes von dem des Keimfeldes war dabei gleich geblieben (das weitere Wachstum des Keimfeldes war also auch hier nicht mehr durch Verlängerung des hintersten Bezirks erfolgt). Der geringe Unterschied des ursprünglichen Abstandes der Marken vom Primitivstreifen wirkte sich auch hier in der Zeit ihrer Einarbeitung in den Streifen aus.

475 A und B (ähnlich 496, 497, 655) (Abb. 89):

M.A. 4 Std., eben erst oval gewordenes Keimfeld, 6 t lang, Streifen 4 t lang.

M.L. A 1 t lang, rechts seitlich vom Primitivstreifen, in 3 t Abstand vom Keimfeldvorderrand. B links seitlich vom Primitivstreifenvorderrand, in etwas über 2 t Abstand vom Keimfeldvorderrand, etwas weiter seitlich als A.

Nach 22 Std. war das Keimfeld auf 9 t, der Streifen auf $6^1/_2$ t gewachsen. Die Marke A war auf $2^1/_2$ t verlängert und lag 4 t hinter dem Keimfeldrand. Ihre Fläche war so weit vergrößert, daß sie medial mit der rechten Primitivfalte, vor der Mitte ihrer Länge gelegen, abschloß. Die Marke B reichte noch nicht bis zum Streifen; auch sie war verlängert, nach medial gerückt und lag dicht seitlich von den vordersten $1^1/_2$ t des Streifens.

Auch hier hatten sich die vorderen 2 t des jungen Streifens auf 4, die hinteren nur auf $2^1/_2$ t verlängert, der Streifen war also fast nur mehr in seinen vorderen zwei Dritteln gewachsen.

Später reichten beide Marken bis zum Streifen. Die rechte, die es zuerst getan hatte, wurde früher undeutlich.

508 B, Fortsetzung (Abb. 84):

Die aus 1 c stammende Marke war zunächst nur wenig nach medial verschoben und gedehnt worden. Nach 23 Std. war das Keimfeld oval, 5 t lang, der Streifen $2^1/_2$ t. Die Marke lag jetzt (abgesehen von ihrem Anschluß an den Rand) genau am Anfangspunkt der Marke 475 B und glich ihr auch im weiteren Verlauf.

Widerspruchslos zeigen die angeführten Versuche das Einrücken der ursprünglich aus 1 c, 1 d und 2 d stammenden Oberflächenbezirke in die Medianlinie. Die Anfangsgebiete werden dabei gedehnt; sie behalten einen, wenn auch „verdünnten“, Zusammenhang mit dem Keimfeldrand, wenn sie ihn zu Anfang berührt hatten.

Das Verschwinden der Farbe in der Mittellinie setzt sich auch später noch fort. Es trifft die neu eingerückten Marken um so früher, je eher sie den Streifen erreicht hatten. Zum Streifen gelangen die Marken um so früher, je näher sie ursprünglich der Medianlinie gelegen waren. Außerdem rücken die mittleren Bezirke früher ein als die vorderen.

Mit der fortschreitenden Ausgestaltung des Streifens wird die Zusammenschlußbewegung langsamer, das Verblassen der Farbe im Streifen weniger deutlich. Außer den beschriebenen Versuchen zeigen das andere, in denen erst gegen den Höhepunkt der Streifenausgestaltung zu markiert wurde.

714 A (ähnlich 743):

M.A. 25 Std., Keimfeld 8, Streifen 6 t lang.

M.L. $1/_2$ t lang, 3 t vom Keimfeldvorderrand entfernt, $1/_2$ t rechts seitlich vom Streifen.

Nach 28 Std. war das Keimfeld 9, der Streifen $6^1/_2$ t lang. Die Marke lag in der rechten Primitivfalte und seitlich davon, 4 t hinter dem Keimfeldvorderrand.

745 A und B.

M.A. 12 Std., Streifen fast 5, Keimfeld 7 t lang.

M.L. A rechts, $1/_2$ t seitlich vom Streifen, 4 t hinter dem Keimfeldvorderrand. B links, 1 t seitlich vom Streifen, 3 t hinter dem Keimfeldvorderrand.

Nach 14 Std. war das Keimfeld $7^1/_2$ t lang, der Streifen 5 t. Die Marken waren etwas verlängert und lagen wie bisher, alternierend. Der Zwischenraum zur Medianlinie war bei beiden Marken verringert.

Nach 19 Std. stieß die Marke A dicht an die rechte Primitivfalte; die Marke B noch nicht ganz an die linke.

An älteren Streifen streben demnach die Seitenteile immer noch nach der Mitte zusammen, um sie, je nach der Entfernung, die zurückzulegen ist, eben noch oder eben nicht mehr zu erreichen. Gerade dieser letztere Fall entspricht Versuchen wie 475, in denen als Gegenprobe schließlich die Primitivstreifenmarken nicht mehr verschwinden, also auch keiner Seitenmarke mehr Platz machen könnten.

Die *Wachstumsverhältnisse* (686, 665, 685, 691, 718) an älteren Streifen haben die bisher angeführten Versuche schon dahin bestimmen lassen, daß das hinterste Viertel sich nur kurze Zeit verlängert und daß eigentlich die ganze, mächtige Vergrößerung der zweiten 12 Brutstunden auf einer Verlängerung der vorderen drei Viertel oder zwei Drittel beruht, ausschließlich des eigentlichen Vorderendes, des späteren Knotens.

Die *Weiterentwicklung des eigentlichen Vorfeldes*
im ovalen Keimfeld mit Primitivstreifen ist bisher noch nicht behandelt. Frühere und neu markierte Versuche sollen sie anschaulich machen.

742 (ähnlich 511, siehe S. 262).
Die Marke bildete, wie von Anfang an, das Streifenvorderende und den dicht davor liegenden Vorfeldbezirk, ohne ihre Form oder Größe vor dem Erscheinen der Chordaanlage irgend wesentlich zu ändern.

687 Fortsetzung, (ähnlich 348, 635, 637, 736 B Abb. 83):
Nach 14 Std. war der Bogen der Marke etwas enger geschlossen, ihr Vorderrand dem des Keimfeldes auf $1^1/_2$ t genähert.

Nach 24 Std. war das Keimfeld $8^1/_2$ t lang, der Streifen $5^1/_2$ t. Die Farbmarke bildete einen engen Bogen um den Primitivknoten herum, ohne diesen selbst zu färben, und färbte die Primitivfalte hinter dem Knoten auf eine Streifenlänge von fast 1 t.

Diese letzte Gruppe von Versuchen zeigt, wie das Vorfeld in der Stoßrichtung des Streifens mit dessen vorderem Ende vorgeht, seitlich von ihm aber teils nur zurückbleibt, teils wirklich rückwärts wandert, um den Knoten vorbeipassieren zu lassen und dann, ebenso wie die anschließenden Marken etwa von 475 B, auf den vordersten Teil des Streifens zu nach medial einzuschwenken.

Weiter vom Primitivstreifen entfernte Vorfeldteile trafen die folgenden Markierungen.

509 B, Fortsetzung (ähnlich 389, 736 A; Abb. 81):
Die Marke lag rund 1 t vor dem kurzen Streifen. Nachdem das Keimfeld oval und 6 t lang geworden war, stand das Streifenvorderende in einer Höhe mit dem Hinterende der Marke, die sich etwas nach rückwärts auszuziehen anfing. Später war das Keimfeld $6^1/_2$ t, der Streifen $3^1/_2$ t lang; die Marke war im Bogen ausgezogen, konzentrisch zum Streifenvorderende, aber in einigen ($^1/_2$ t) Abstand davon.

512 A und B, Fortsetzung (Abb. 80, *ähnlich 309*):

Die beiden medianen Marken standen in Abständen von dem Vorderende des kurzen Streifens. Nachdem das Keimfeld oval geworden war, bildeten beide Marken Bögen, die, halb so tief und doppelt so breit wie die Anfangsmarken, konzentrisch zum Keimfeldrand und zum Streifenvorderende verliefen.

Spätere Markierungen zeigen ähnliche Verhältnisse.

137 Abb. 90:

M.A. Rundes Keimfeld, der Streifen reicht bis in seine Mitte.

M.L. quer, etwas vor dem Streifenvorderende; linkes ziemlich weit, rechts kaum über die Streifenbreite hinausreichend.

Nachdem der Streifen, noch im runden Keimfeld, sich etwas verlängert hatte, lag der mediane Markenteil nach wie vor vor seinem Vorderende. Der linke Seitenflügel war zurückgeblieben und stand jetzt schräg nach hinten seitlich. Nachdem Streifen und Keimfeld weiter ausgewachsen waren, bildete die Marke einen Bogen, nicht eigentlich konzentrisch zum Keimfeldrand, indem ihr Vorderteil immer noch vor dem Primitivknoten lag, während der linke Seitenflügel jetzt mehr nach rückwärts verlief, ohne den Streifen selbst zu erreichen.

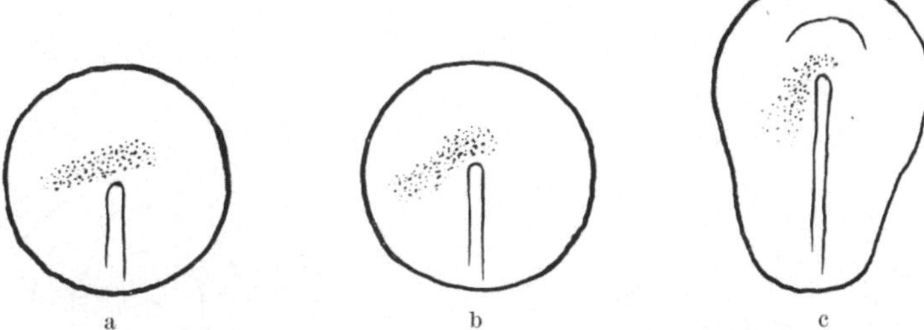

Abb. 90. 137. Brutanfang 5. II. 25, 8,30 Uhr vorm. 10✕ vergr. *a* 5. II. 25, 2,50 Uhr nachm *b* 6. II. 25, 9,20 Uhr vorm. (15 Stunden in 10° C). *c* 6. II. 25, 5,40 Uhr nachm.

Die oben ausgesprochene Ansicht von der Haltbarkeit der Marken stützen die Versuche, in denen die eine Längshälfte des Streifens stark gefärbt der farblosen anderen Hälfte gegenüberlag.

Die Prüfung des Ortes der Färbung ergab, wie vorher, daß die wesentlichen Teile der besprochenen Marken immer durch Ektodermfärbung (in den hinteren Bezirken *auch* durch sie) gebildet waren, mit Ausnahme der Randgebiete und des hinteren Streifenabschnitts, wo die rasch verschwundene Farbe vor allem auch im Dotterwall erscheint. In den zuverlässigeren zentralen Gebieten ist der oberflächliche Sitz der Farbe ohne weiteres zu sehen, wenn die Marke bestimmte Formen, etwa die Primitivfalten oder den Primitivknoten bildet. Die zum Streifen ziehenden Marken müssen außerdem schon deshalb ektodermal sein, weil ihre Marschrichtung der des auswachsenden Mesoderms ja geradezu entgegenläuft.

Rückblick auf die ersten Materialverschiebungen im Keimfeld. Alle Marken im Vorfeld werden während der Ausgestaltung des Keimfeldes und des Streifens nach vorn und vorn seitlich verschoben und ausgezogen,

um so früher und in um so weiteren Bögen, je weiter sie vom Vorderende
des Streifens entfernt sind. Die diesem Ende am nächsten liegenden Vor-

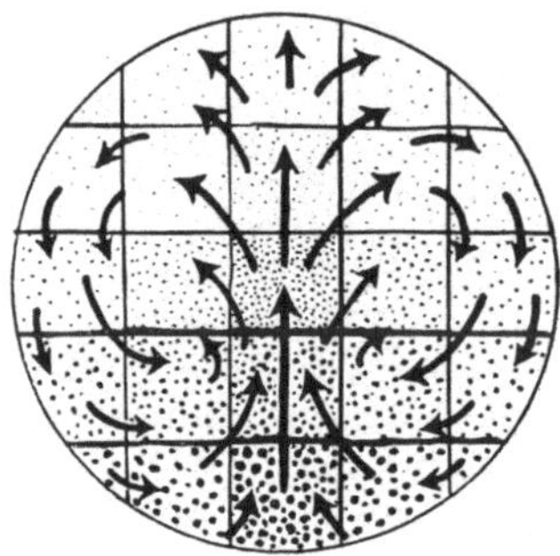

Abb. 91. Vgl. Abb. 1. Schema der Keimfeldbewegungen während der Entstehung des Primitivstreifens: Die Bezirke des formlosen Keimfeldes. Die Pfeile geben die Richtung an, in
der sich die Teile des Keimfeldes verschieben
werden.

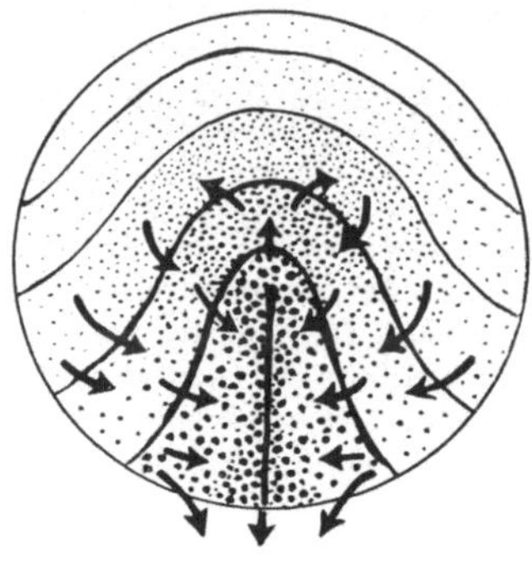

Abb. 92. Vgl. Abb. 2 Schema der Keimfeldbewegungen während der Entstehung des Primitivstreifens: Die Bezirke des formlosen Keim
feldes nach der Entstehung des Streifens im
runden Feld. Die Pfeile geben die Richtung
an, in der sich die Teile des Keimfeldes
weiterhin verschieben werden.

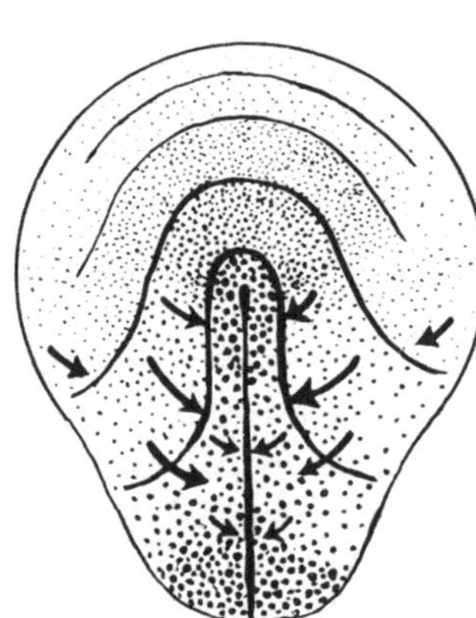

Abb. 93. Vgl. Abb. 14. Schema der Keimfeldbewegungen während der Entstehung des Primitivstreifens: Die Bezirke des formlosen Keimfeldes
nach der Entstehung der hinteren Ausbuchtung.
Die Pfeile geben die Richtung an, in der sich
die Teile des Keimfeldes weiterhin verschieben
werden.

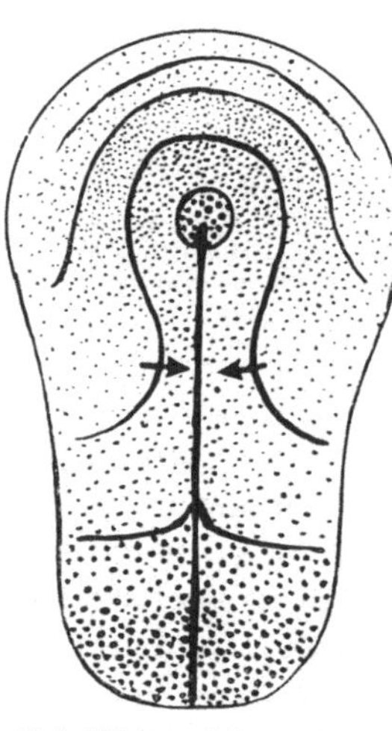

Abb. 94. Vgl. Abb. 21. Schema der Keimfeldbewegungen während der Entstehung des
Primitivstreifens: Die Bezirke des formlosen
Keimfeldes nach der Ausgestaltung des Streifens. Die Pfeile geben die Richtung an, in
der sich die Teile des Keimfeldes noch im
Sinne der vorhergehenden Bewegungen
verschieben werden.

feldteile schließen ihren Bogen so eng, daß ursprünglich vor und seitlich
vom Knoten gelegene Teile der Marke schließlich hinter ihm auf den
Streifen zusammenlaufen und damit unmittelbar die Bewegung der seit-

lichen Randfelder fortsetzen. Die vom Streifenvorderende weiter entfernt liegenden Teile des Vorfeldes machen die Bogenbewegung zwar konzentrisch mit; ihre Bögen sind aber so spät erst ausgerundet, daß die Hinterenden so wenig wie die vorder-seitlichen Randbezirke den Streifen selbst erreichen, an dem inzwischen die Zusammenschlußbewegung allmählich zum Stillstand kommt (Abb. 91—94).

Das allmähliche Auslaufen der Keimfeldbewegung am Ende des ersten Bruttages zeigt an, daß die Bildung der Vorform nunmehr im wesentlichen abgeschlossen ist. Die Materialbewegung selbst ist während dieser ganzen ersten Brutperiode in dem Fluß und der Richtung geblieben, die mit der Entstehung des jungen Primitivstreifens schon in Gang gekommen war. Nur darin ist die Bewegung anders geworden, daß die Mittellinie selbst nicht mehr im Vorrücken begriffen ist, sondern daß die Wellen der zwei Wirbel über ihr zusammenschlagen, die, dem äußeren Bilde nach gesprochen, ihr erster Vorstoß auf weitem Umweg in Bewegung gesetzt hatte (Abb. 91—94).

Die Größenverhältnisse der Keimfeldfläche haben sich weiterhin so verändert, daß sich die hintere Hälfte des Keimfeldes mit jungem Primitivstreifen ausdehnt und weitaus den größten Teil eines Keimfeldes mit erwachsenem Primitivstreifen liefert. Diese Flächenausdehnung geht aber jetzt nicht mehr auf Kosten des Vorfeldes, das zwar von seiner Länge (Primitivknoten—Keimfeldvorderrand) noch etwas verliert, dafür aber nach der Seite und vor allem nach hinten ausweicht.

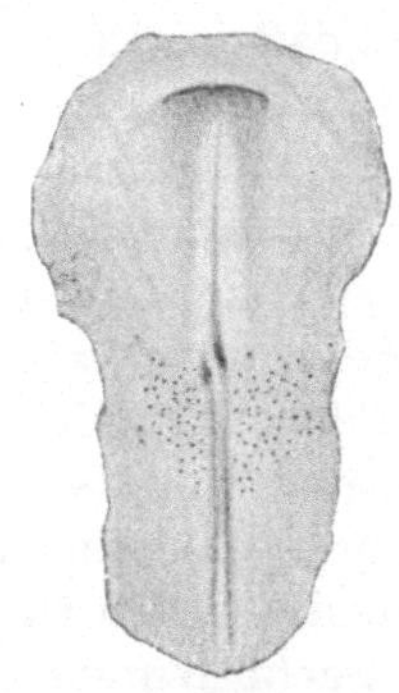

Abb. 95. 477, siehe auch S. 274. 19. III. 26, 7,30 Uhr nachm. (Brutanfang 17. III. 26, 6 Uhr nachm.) An der Keimoberfläche sitzt keine Farbe mehr, nur beiderseits im Mesoderm. 10× vergr.

Damit ist schließlich, schematisch bezeichnet, aus dem hintersten Fünftel und den anschließenden Randteilen des formlosen Keimfeldes der ganz lange Primitivstreifen, aus dem anschließenden Fünftel ohne den Rand die Platte dichteren Ektoderms geworden, die seinen Vorderteil umgibt und als *Scheibe* besonders bezeichnet werden konnte.

Mesodermbildung. Die histologische Parallele zu den beschriebenen Bildungs- und Ausgestaltungsvorgängen der Vorform müssen wir vor allem heranziehen, um das Verschwinden der mittleren Primitivstreifenmarken aufzuklären. Wenn wir nach den jetzt beschriebenen Markierungen annehmen dürfen, daß nicht nur lebhafte Zellteilungen die *Farbe* verschwinden lassen, sondern daß auch immer neues *Material* im Streifen zusammenströmt, um dort allerdings dann auch seine Farbe zu verlieren, so muß damit die am Schnittbild zu beobachtende Mesodermbildung in Zusammenhang gebracht werden. Besonders günstige Fälle, wie die hier schon abgebildete weitere Beobachtung von 477 (Abb. 95) zeigen auch tatsächlich, daß die Keimoberfläche, und zwar nicht nur das Ektoderm, sondern auch der Streifen, die Farbe völlig verliert, daß aber nun seitlich anschließende Mesodermteile gefärbt sind. Dabei soll das *völlige* Verschwinden der Farbe aus dem Streifen weniger hervorgehoben sein (weil hier sicher auch Zerstörung der Farbe mitspielt) als das unbestreitbare Erscheinen der Farbe im Mesoderm und die damit verbundene Wiederverbreiterung der Marke, die bei ihrem Einmarsch in den Streifen immer schmäler geworden war.

Urmund und Primitivstreifen. Der Streifen erhält Material von beiden Seiten zugeführt, ähnlich wie das VOGT für den Urmund der Amphibien bewiesen hat. Die formale Vergleichbarkeit von Urmund und Primitivstreifen erhält damit auch kinematisch ihre Bestätigung. Der Vorgang der Mesodermbildung besteht aber am Primitivstreifen nicht einfach darin, daß das Ektoderm an ihn heranmarschiert, sich umschlägt und in spiegelbildlicher Reihenfolge als Mesoderm weiterzieht. Der Streifen ist kein Ur„mund“, sondern von Anfang seines Bestehens an ein Strang sich rasch vermehrender, indifferenter Zellen. In seinem unter der Rinne gelegenen Hauptteil ist keine Spur davon zu erkennen, daß die Anteile beider Seiten irgendwie geschieden wären. Vielmehr wird das immer neu zugeführte Material in ein gemeinsames Vermehrungszentrum hineingearbeitet, von dem aus dann das lockere Mesoderm ausschwärmt; das gesamte Mesodermmaterial muß also (ganz anders als beim Amphib) den Zustand und den Ort des indifferenten Zellenstranges durchlaufen, ehe es tatsächlich freies Mesoderm wird. Daß trotzdem die Verknotung in einen indifferenten Strang nicht allzuweit geht, daß doch das einmarschierende Ektoderm der einen Seite auch als Mesoderm auf derselben Seite bleibt, können Versuche wie 475 (Abb. 89) erweisen[1]. Der deutlichste Unterschied gegenüber der Mesodermbildung am Urmund scheint darin zu liegen, daß das Einströmen des Materials in seiner Hauptsache *vor* der Zeit liegt, in der das Mesoderm erst richtig als dicke Platte zu erscheinen beginnt. Die Bildung des dicken Mesoderms beginnt ja erst um die Zeit, in der schon die Chordaanlage erscheint; dieses Mesoderm ist dann wohl nicht das Produkt der Vermehrung des bisherigen, nur spärlichen freien Mesoderms, sondern Nachschub aus dem Streifen — aus einem Streifen aber, der schon fast kein Material mehr zugeführt bekommt. Von Urmundumschlag kann also keine Rede sein. Gerade diese Art der Mesodermbildung kann auch am ehesten das Verschwinden der Farbe erklären, als Verdünnung der Marke durch Zellteilung, als Farbzerstörung dabei und schließlich als weiteres Verblassen der Farbe durch die lockere Ausbreitung des Mesoderms von der Medianlinie aus.

---

[1] Auch die halbseitige Zerstörung des jungen Streifens scheint nach einigen Versuchen, die ich schon angestellt habe, das Mesoderm der anderen Seite *nicht* zu beeinträchtigen.

Schwer ist es, zwischen dem Verlauf der Farbversuche und den formal unterschiedenen Abteilungen des Streifens eine Parallele zu finden. (Sie kann vielleicht darin gesucht werden, daß eben die Bildung freien Mesoderms in größerem Ausmaß immer erst einsetzt, wo die Materialzufuhr einigermaßen zur Ruhe gekommen ist, zuerst im hinteren Teil, dann erst im mittleren und vorderen Teil des Streifens.) Die Mitte des Streifens erhält weitaus den meisten Zuschuß; nach vorn und nach unten wird es damit immer weniger, und der vorderste wie wahrscheinlich der hinterste Teil erhält so gut wie nichts[1].

Im übrigen zeigen die Versuche, daß die Bezeichnung „Streifen" nur formal ist. Das Material, das den Streifen jetzt und „denselben" Streifen nach 2 Stunden bildet, ist immer wieder ein anderes, ohne daß das dem „gleich" bleibenden Flächenbilde anzusehen wäre.

Scheibe. Sowenig wie der Streifen ist das dicke Ektoderm, das wir als *Scheibe* bezeichneten, immer dasselbe Material. Je weiter das Streifenmaterial einströmte, desto näher rückten die Flügel *des* Scheibenmaterials an den Streifen heran, das ihn dann im Stadium des ausgestalteten Streifens bzw. der beginnenden Chordaanlage zu bilden bestimmt ist — eine Parallele zu der immer deutlicheren formalen Ausbildung auch der hinteren Scheibenbezirke. Verhältnismäßig wenig Umlagerung erfahren die vorderen und seitlichen Bezirke der Scheibe während ihrer Bildung aus dem auch nur wenig gestreckten Felde 3 d.

Keimfeldrand. Das *Randgebiet* ist durch die Abhebung des Ektoderms vom Dotterwall in einer Umarbeitung begriffen, die noch mehr als vorher dazu mahnt, sich auf seine Form nur als Notbehelf einer Keimfeldumgrenzung zu beziehen. Dazu kommt, daß die Farbmarken des Randgebietes jetzt viel rascher verblassen als die des Keimfeldzentrums, daß die Farbe sich oft diffus am Dotterwall (also im Entoderm!) ausbreitet — ein Markierungserfolg, der nicht mehr den Formwechsel, sondern den Stoffwechsel zu betreffen scheint. So werden die folgenden Markierungen jetzt, nachdem die bestimmte Form des Primitivstreifens gebildet und abgeschlossen ist, sich nur mehr mit ihr, d. h. mit dem Keimfeldzentrum, und nicht mehr mit den Randgebieten befassen — mit der einen Ausnahme, daß der hintere Keimfeldrand weiterhin als Anhalt für die Länge des Streifens dienen muß, da dessen natürliches Hinterende oft nicht zu sehen ist. Aber auch diese hintere Grenze des Keimfeldes wird im folgenden wenig Bedeutung mehr für unsere Darstellung haben, wie denn überhaupt die ganze Bemessung des Primitivstreifenwachstums nach dem Keimfeldrand nur ein Anhalt sein konnte, solange keine andere Beziehungsform gebildet war.

---

[1] Das Knotenmaterial verkleinert allerdings auch seine Fläche, ohne daß festzustellen wäre, worauf dies beruht.

Nachdem der Primitivstreifen gebildet, gewachsen und ausgestaltet ist, gilt der zweite Hauptteil der Versuche der

II. Urkörperbildung bis zum Endkörperstadium.

Wir haben schon bei der Beschreibung der Formgeschichte auf diesen hier wichtigsten Abschnitt der Entwicklung (der Vögel und Säugetiere) Bezug genommen und im besonderen die Frage gestreift, wie das Material des Primitivstreifens, die Vorform, zum Embryonalkörper umorganisiert, an sie angeschlossen, zum jeweils jüngsten Stück Urkörper umgebildet wird. Nur wenige Vermutungen sind bisher darüber so bestimmt ausgesprochen worden, daß sie überhaupt hier erwähnt werden müssen. Soweit nicht in ganz unbestimmter Weise von „Wachstumszentren" die Rede war, spielt dabei die erwähnte Vorstellung der Formwelle eine Rolle, insbesondere in bezug auf den Primitivknoten, der ja auch während der ersten Embryonalkörperbildung als habhaftestes Merkzeichen für das „Gleichbleiben" der Form im Übergangsgebiet auffallen muß. OSKAR HERTWIG und in ganz bestimmtem Ausdruck GRÄPER vermuteten, daß der Knoten als Formzustand den Streifen entlang laufe, ein Vorgang, auf den man auch notwendigerweise schließen muß, wenn KOPSCH in seinen beiden Arbeiten davon redet, daß „im Streifen" hintereinander das Material für die verschiedenen Abschnitte des Körpers gelagert sein soll [1]. Erst die Arbeit eines rein morphologisch — allerdings sehr sorgfältig — Beobachtenden, nämlich die mehrfach erwähnte HOLMDAHLsche, hat in neuester Zeit [2] dargestellt, daß zentrale Abschnitte des *ganzen* Körpers aus dem Primitiv*knoten* entstehen müssen. Wenn das so ist, dann ist der Knoten nicht Formzustand, sondern Quelle für bestimmtes Material, und damit schon ist es unmöglich, daß ein Querabschnitt im Primitivgebiet jemals einem Urkörperabschnitt entspricht. Es sei daran erinnert, daß auch diese Verschiedenheit der Organisation schon durch die Formgeschichte wahrscheinlich geworden war.

Im übrigen soll das alles erst erörtert werden, wenn die Versuche selbst besprochen sind — genau so, wie ich mich selbst während der ganzen Untersuchung absichtlich jedes theoretischen Vorstellungsversuches und des Studiums der spärlichen Literatur (KOPSCH, GRÄPER) [3] so lange völlig enthielt, bis sich aus ganz überraschenden und zunächst unverständlichen [4]

---

[1] Scharf ausgesprochen ist dies nirgends; „der Primitivstreifen ist Embryo, wenigstens seiner prospektiven Bedeutung nach" — das hat schon seit KOPSCHs erster Arbeit niemand mehr bezweifelt.

[2] Wie ich selbst schon 1924, 1925, 1926. HOLMDAHL kannte bei der Abfassung der betreffenden Kapitel seiner Schrift meine Arbeiten noch nicht.

[3] Auch die Neutralrotfärbung wurde mir als Erfindung GRÄPERs erst bekannt, nachdem ich sie schon ein Jahr lang angewandt hatte.

[4] Daher auch verschiedene Irrtümer in meinen ersten Mitteilungen, besonders 1924 und 1925; u. a. gehört dazu meine damalige Ansicht von der organisierenden Tätigkeit des Primitivknotens.

Bruchstücken das Entwicklungsbild in groben Zügen zusammengestellt hatte. Erst in den Versuchen mit Nummern über 600 ist dann überlegt auf Bestätigung und günstige Bildwirkung hin markiert worden.

Da der Primitivstreifen die einzige fest umgrenzbare Vorform und der Knoten in der Tat ihr auffallendster Teil ist, sollen zuerst die

Marken auf dem Primitivknoten während der Bildung der Chordaanlage besprochen werden.

114 (ähnlich 110, 380, 460, 695, 711) Abb. 96:

M.A. 28 Std., ausgestalteter Primitivstreifen, keine Chordaanlage.

M.L. auf dem Primitivknoten.

Nach 31 Std. war ein Stück Chordaanlage als Fortsetzung des Knotens zu sehen, umgeben von noch ganz niedrig breiten Hirnwulstandeutungen. Der Primitivknoten war wie vorher ganz gefärbt, ebenso die ganze Chordaanlage. Inner-

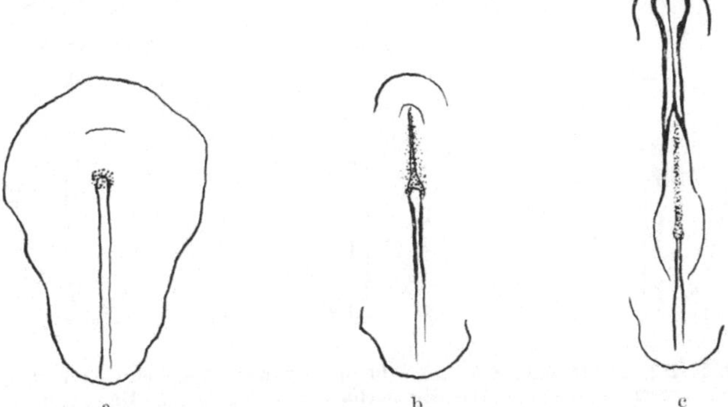

Abb. 96. 114. Brutanfang 21. I. 25, 10 Uhr vorm. 10 × vergr. *a* 22. I. 25, 2 Uhr nachm. *b* 22. I. 25, 5 Uhr nachm. *c* 23. I. 25, 1,20 Uhr nachm.

halb 51 Std. verzögerter Bebrütung entwickelte sich die Keimform normal. Dabei war die Chorda als einzelner, vom Vorderende bis zum Knoten gefärbter Strang noch erkennbar, als sich schon die Beulen des primären Vorderhirns andeuteten. Kurz vor dem Schluß des Sinus rhomboidalis verblaßte die Farbe, die sich auch über der Chordaanlage, in schmaler Spur auch dicht seitlich von ihr, gezeigt hatte.

425, Fortsetzung (siehe WETZEL *1925).*

Die ursprüngliche Keimfeldhintermarke war in ihrem vordersten Teil als Färbung des Primitivknotens und seiner allernächsten Umgebung geschlossen bestehen geblieben. Nach 27 Std. war die Marke in einen 2 t langen, nach 30 Std. in einen $3^1/_2$ t langen Strang aufgelöst: die Chordaanlage von ihrem vordersten Ende ab einschließlich des Knotens. Farbspuren waren auch dicht seitlich von der Chordaanalge zu sehen. Der Abstand des Vorderendes der Marke von dem des Keimfeldes blieb unverändert.

Die beiden Versuche zeigen, daß alte und neue Primitivknotenmarken sich mit der Chordabildung strecken, d. h. daß die *Chorda* mindestens bis kurz vor der Bildung des Endknopfs *aus dem Primitivknoten entsteht*

durch Streckung (und Vermehrung) seines ursprünglichen Materials. Die
seitlich von der Chorda noch sichtbaren Streifen wenig deutlicher Färbung betreffen, soweit dies festzustellen ist, den auch über der Chorda gefärbten Neuralrinnenboden und Mesoderm. Die Auflösung der Knotenmarke geht *genau* mit der Chordabildung parallel; sie hat also mit dem
Abrücken des Knotens vom Keimfeldvorderrand, das die Messungen oft
schon *vor* dem Sichtbarwerden der Chordaanlage feststellten, nichts zu
tun. Die Beobachtung der Messungen am ungefärbten Keime ließen
nicht feststellen, ob das erste Sichtbarwerden einer Chordaanlage bedeutet, daß ihr vorderster Punkt denselben Abstand vom Vorderrand
der Embryonalkörperanlage einhält, daß der Knoten also von diesem
Rand weg schon von Anfang an nach hinten rückt. Wohl zeigte sich in
einer Vorfeldverlängerung, daß in bezug auf den Vorderrand des Keim-

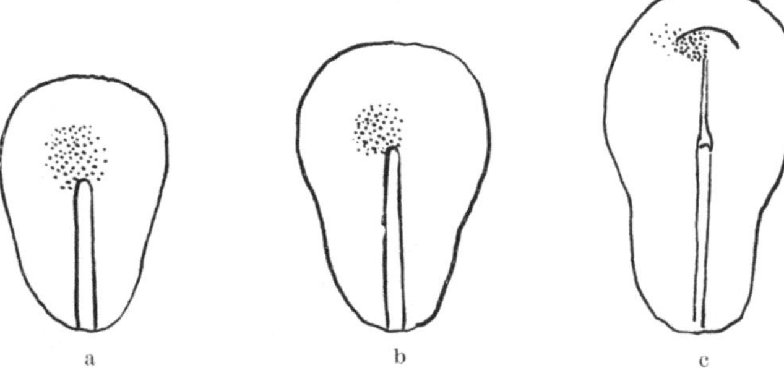

Abb. 97. 511, S. 262. Brutanfang 8. VI. 26, 1,10 Uhr nachm. 10× vergr. *a* 9. VI. 26, 11,50 Uhr
vorm. *b* 9. VI. 26, 3,50 Uhr nachm. *c* 10. VI. 26, 7,50 Uhr vorm.

feldes diese Bewegung nach hinten einsetzt — sogar schon vor dem Erscheinen einer Chordaanlage. Innerhalb des Vorfeldes war aber ein
Vorderrand der Embryonalanlage, d.h. des queren Hirnwulstes, noch
nicht zu bestimmen. Das kann erst nachgeholt werden durch die

Markierungen des Vorfeldes,

d. h. der *vor* der Höhe des Knotens liegenden Teile der Scheibe.

511, Fortsetzung (ähnlich 401, 418) Abb. 97.

Die Vorfeldmarke lag während der ganzen Streifenentwicklung etwas links
dicht vor dem Primitivknoten. Nachdem eine 2 t lange Chordaanlage zu sehen
war, bildete die Marke, dicht an das Vorderende der Chorda anschließend, ein
etwas links in und neben der Medianlinie liegendes Stück des queren Hirnwulstes
und ein Stück anschließenden Ektoderms.

624 (ähnlich 162, 720) Abb. 98:

M.A. 24 Std., ausgestalteter Primitivstreifen, keine Chordaanlage.

M.L. breit quer über das Keimfeld. Der Hinterrand der 1 t langen Marke
geht dicht vor dem Primitivknoten vorbei.

Nach 31 Std. war ein größeres Stück Chorda zu sehen. Dicht an ihr Vorderende anschließend, war der ganze quere Hirnwulst und das seitliche Ektoderm

gefärbt, in dessen Bereich sich eben die Neuralfalten zu erheben anfangen. Die Marke schloß mit scharfer und ungefähr so querer Grenze wie zu Anfang nach hinten ab.

Beide Versuche haben, wie sich am Erfolg zeigte, den vor dem Knoten liegenden Teil der Embryonalanlage bis zu ihrem vorderen Rande getroffen. Das vordere Ende der Chorda ist vom vorderen Rande der Marke (d. h. des queren Hirnwulstes) gleich weit entfernt, wie es der Knoten war. Also handelt es sich bei der Entstehung der Chordaanlage nie, auch im allerersten Anfang nicht, um ein *Vorwachsen*.

Die Versuche (511) zeigen auch, daß die Verlängerung des gesamten Vorfeldes vor dem Erscheinen der Chordaanlage in der Tat auf eine — vorübergehende — Verlängerung[1] des Bezirks zurückgehen kann, der vor dem des queren Hirnwulstes liegt.

Im übrigen steht jetzt fest, daß die dicht vor dem Primitivknoten gelegenen Teile der „Scheibe" zum vorderen Hirnwulst werden, ohne daß die quere Lage des Materials wesentlich verändert würde. Die vorn *seitlich* vom Knoten liegenden Bezirke bilden die Umbiegungs-

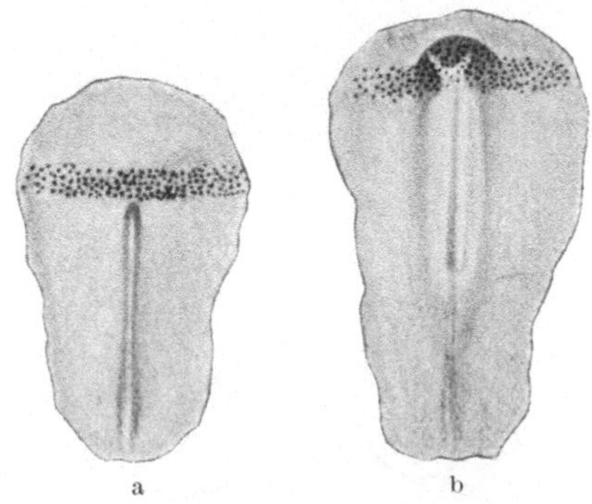

Abb. 98. 624. Brutanfang 15. III. 27, 10 Uhr vorm 10× vergr. *a* 16. III. 27, 10 Uhr vorm. *b* 16. III. 27, 5 Uhr nachm.

stellen zu den seitlichen Wülsten, das mediane Gebiet das Mittelstück des queren Wulstes.

Ein ähnlicher Versuch zeigt das *weitere* Schicksal des vorder-seitlichen Scheibengebietes.

712 A:

M.A. 24 Std., ausgestalteter Streifen ohne Chordaanlage.

M.L. 1 t lang, $4^1/_2$ t breit, symmetrisch quer, dicht vor dem Streifenende.

Nach 30 Std. waren im Bereich des queren Hirnwulstes schon die Neuralfalten aufgewölbt, nach 33 Std. die Beulen des primären Vorderhirns gebildet. Die Marke bildete, auf $1^1/_2$ t verlängert, das primäre Vorderhirn und verlief sich in nicht ganz scharfer, aber deutlich querer Grenze im vordersten Teil des primären Mittelhirns.

Demnach können wir ergänzend sagen, daß das *Scheibengebiet* vor der queren Höhe des Knotens ohne wesentliche Umlagerung zum primären *Vorderhirn* wird, kurz, zum *prächordalen Teil des Neuralorgans*.

Betont sei vor allem die ungefähr quere Ordnung des Materials vor dem

---

[1] Die Schwierigkeit, diese Verhältnisse ganz genau zu fassen, liegt auch in der Bestimmung des an sich unwichtigen vorderen Keimfeldrandes.

Knoten, auch dicht vor ihm, schon in der undifferenzierten Scheibe. Viel weniger überraschend ist es, daß

spätere[1] Markierungen vor dem Knoten

im schon organisierten Vorfeld eine solche Ordnung und damit einen Stillstand der Materialbewegung zeigen.

660 A (ähnlich 142) Abb. 99:

M.A. 22 Std., Streifen 5 t, Embryonalkörper $2^1/_2$ t lang (Chorda 2 t).

M.L. 2 t lang, links, dicht neben der Chorda in ihrer ganzen Länge.

Die Marke bildete, von 2 auf $2^1/_2$ t verlängert, die linke Hälfte des Neuralorgans, mit Ausnahme des mittelsten Streifens (und der Chorda) und der ungefärbten Vorderhirnspitze, bis zur Gegend vor dem 1. Urwirbel. Mit der Auf-

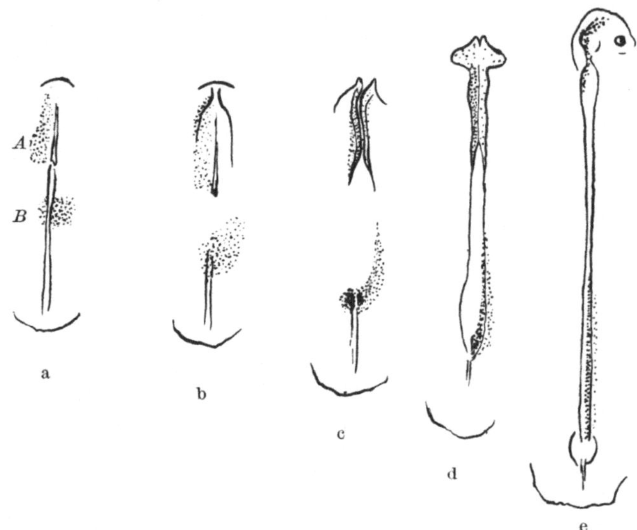

Abb. 99. 660. Brutanfang 25. III. 27, 11 Uhr vorm. 10 × vergr. *a* 26. III. 27, 9,30 Uhr vorm. *b* 26. III. 27, 12,30 Uhr nachm. *c* 26. III. 27, 3,15 Uhr nachm. *d* 26. III. 27, 5,50 Uhr nachm. *e* 27. III. 27, 10,20 Uhr vorm.

wölbung zum Rohr ging Farbe auf die andere Seite über, verschwand aber hier auch früher als auf der ursprünglich gefärbten Seite. Die hintere Grenze der Marke blieb ungefähr quer.

698 A (ähnlich 32, 305):

M.A. 21 Std., vorderster Teil der Neuralfalten und drei Urwirbel sichtbar.

M.L. rechts, kurz vor dem Primitivknoten, nach vorn bis über den 3. Urwirbel, nach der Seite über die Sinus- und Neuralgrenze hinausreichend, nicht ganz 1 t lang.

---

[1] Bei den späteren Markierungen ist günstiger, daß die Farbe auf schon deutlicher bestimmten Keimteilen angebracht werden kann und auch, daß sie länger vorhält und damit immer so lange zu sehen ist, bis sie zum mindesten Urkörperteile bildet, die dann vor allem auch jeden Zweifel über die Höhenlage der Farbe ausschließen. Das Anfärben wird mit der fortschreitenden Formung des Keimes schwieriger, da das zudem sehr variable Relief der Keimoberfläche ein gleichmäßiges Aufliegen der Agarplatte verhindert.

Nach 25 Std. lag der Hinterrand der Marke in Höhe des 5. Urwirbels $1^1/_2$ t vor dem Knoten, nach vorn reichte der Farbbezirk, nicht ganz 1 t lang, nach wie vor bis zum 3. Urwirbel, der wie der 4. im Durchschlag mitgefärbt war. Nach 30 Std. waren die Augenblasen und 10 Urwirbel gebildet; die Marke war gleich geblieben (abgesehen von der auch bei 660 A beobachteten Farbausbreitung nach links mit dem Neuralrohrschluß.

Die Materialbedeutung beziehen wir auf die Keimscheibe mit erwachsenen Streifen und ohne Chordaanlage; die späteren Markierungen zeigen Zwischenstufen, die mit den Bildern der früheren übereinstimmen und nicht im einzelnen auf sie zurückgeführt zu werden brauchen. Wenn wir jetzt das Gebiet vor dem Knoten sekundäres Vorfeld nennen wollen im Gegensatz zum primären Vorfeld vor der Chordabildung, so zeigen die Versuche, daß das sekundäre wie das primäre Vorfeld sich zwar weiter gestaltet, aber keine grundlegenden Materialumlagerungen mehr erlebt — ein Verhalten, das mit dem formalen Befund und den aus ihm abgeleiteten Begriffsbestimmungen parallel geht.

Auffallend ist, daß Farbe aus einer gefärbten Neuralrohrhälfte in die andere übergeht. Während die Farbgrenze in der offenen Neuralplatte ganz scharf bleibt, beginnt der Übertritt nach der Aufwölbung, noch *bevor* sich der Schlitz schließt! Die diffuse Ausbreitung geht, soviel ich bisher sehe, durch den Raum der Rinne hindurch von Rand zuRand; sie steht schon in ihrem äußeren Bild deutlich im Gegensatz zu dem, was sonst als Farbmarkenverschiebung beschrieben ist, so deutlich, daß die Auslegung der neuerlichen Fälle (als Stoffwechselanzeichen) die der anderen (als Formwechselanzeichen) nicht gefährdet, sondern stützt. Vielleicht zeigen uns diese Versuche sogar einen Weg, Vorgänge, wie eben die Auffaltung und den Schluß des Neuralrohrs, zu verstehen, Formbildungen, deren Anschauung heute noch durch ältere, grob mechanistische[1] Erklärungsversuche belastet ist. Daß es sich beim nachträglichen Farbübergang um etwas anderes handelt als bei der Anfärbung, geht auch aus dem frühen Verschwinden der Farbe im neuen Übertrittsgebiet hervor.

Die bisherigen Versuche haben eine ausgesprochene Gegensätzlichkeit des Verlaufs gezeigt, je nachdem ob sie den Knoten oder das Vorfeld betrafen. Die folgenden

Markierungen von Knoten und Vorfeld zugleich
werden den Gegensatz der beiderlei Keimgebiete noch näher zu beleuchten haben.

329 (ähnlich 290, 405, 410, 466, 695):
M.A. 6 Std., Rundes Keimfeld, Primitivstreifen bis zur Mitte.
M.L. auf dem Vorderende des Streifens und ganz dicht davor.

---

[1] Roux hat dies schon durch einen höchst einfachen Versuch widerlegt; er hat durch einen Längsschnitt dicht neben der Neuralplatte den Seitendruck ausgeschaltet und dennoch schloß sich das Neuralrohr. Eigene Versuche bestätigen dies.

Nachdem die Marke geschlossen das Wachstum des Streifens mitgemacht hatte, wurde sie mit dem Erscheinen der Chordaanlage ausgezogen. Die Chorda war nach 24 Std. gefärbt vom Vorderende bis zum Knoten, außerdem ein schmaler Streifen (Neuralrinnenboden) seitlich von ihr und das dicht vor dem Chordaende liegende innerste mittlere Stück des queren Hirnwulstes.

683 A (ähnlich 459, 622, 623, 627, 742, 746, 749) Abb. 100:

M.A. 23 Std., ausgestalteter Streifen, keine Chordaanlage.

M.L. $^1/_2$ t lang auf dem Primitivknoten und dicht vor ihm (besonders rechts seitlich).

Nach 25 Std. war eine 1 t lange Chordaanlage erschienen. Der Markenvorderrand hatte seinen Abstand vom Keimfeldvorderrand behalten, die Marke sich auf etwas mehr als 1 t verlängert. Sie war deutlich geteilt in einen rundlichen Vorderteil, der ungefähr der Anfangsmarke entsprach, und einen mit der Chorda und knapp seitlich von ihr bis zum Knoten ausgedehnten Hinterteil.

Nach 29 Std. bildete die Marke 3 t lang die Chorda einschließlich des Knotens. Der breite Vorderteil der Marke bildete Neuralrinnenboden über und seitlich vom Chordavorderende und ein $1^1/_2$ t langes Stück des queren und anschließend des seitlichen rechten Hirnwulstes. Der Hirnwulst war nicht bis zu seinem Vorderrand gefärbt.

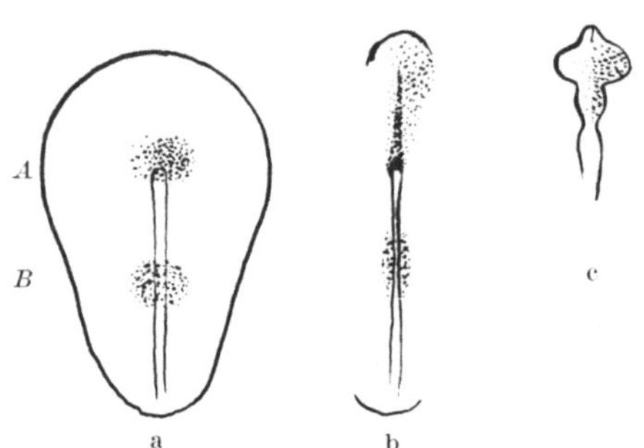

Abb. 100. 683. Brutanfang 10. V. 27, 11 Uhr vorm. 10× vergr. *a* 11. V. 27, 10 Uhr vorm. *b* 11. V. 27, 4,30 Uhr nachm. *c* 12. V. 27, 8 Uhr vorm.

Nach 45 Std. waren die rechte Beule des primären Vorderhirns und das ganze rechte Mittelhirn noch deutlich gefärbt (von der Chordafärbung war nach dem Neuralrohrschluß nichts mehr zu sehen); die Färbung erreichte die Spitze des primären Vorderhirns nicht. Der sekundäre Farbübertritt nach links, wo schon von Anfang an etwas angefärbt war, ist bei diesem Versuch weniger deutlich.

422 (ähnlich 424):

M.A. 2 Std., Primitivstreifen bis zur Keimfeldmitte.

M.L. quer gerade über dem Primitivknoten und vor ihm.

Nach 28 Stunden bildete die Marke die Neuralanlage, mit Ausnahme der vordersten Spitze, in ganzer Breite bis zum Anfang des Rautenhirns, von da ab nur mehr Neuralrinnenboden in einem Streifen, der spitz beiderseits der ebenfalls gefärbten Chorda auf den Knoten zulief.

Der nächste Versuch zeigt eine

spätere Markierung von Knoten und (sekundärem) *Vorfeld zugleich.*

261 (ähnlich F 100, 264, 266, 284, 314, 313, 154) Abb. 101:

Abb. von F 100 siehe WETZEL *1924.*

M.A. 26 Std., Primitivstreifen so lang wie der Embryonalkörper, Stadium der Rückenrinne.

M.L. innerhalb des Sinus auf dem Knoten und knapp vorn seitlich von ihm.

Auch diese Marke trennte sich in einen vorderen Teil, der an der Bildung des Neuralrohrs in Höhe des 2.—6. Urwirbels teilnahm, und einen sich spitzig nach hinten ausziehenden Chordateil, der nach 33 Std. inmitten eines sonst völlig ungefärbten Sinus gelegen war.

Die letzten Versuche bestätigen in *einer* Marke, was vorher Scheiben-
und Knotenmarken getrennt gezeigt hatten. Sie zeigen deutlicher, daß
die bleibend quere Abschlußgrenze der Marke sowohl für die Chorda wie
auch für das Neuralorgan nicht mehr gilt, sobald wir in die Höhe des
Knotens geraten; soweit Präparation und einfache Beobachtung entscheiden konnten, schleppt die Knotenmarke außer dem Faden der
Chorda auch noch ein spitz aus der queren Vorfeldmarke herausragendes
Stück *Neuralrinnenboden* mit sich.

Somit sind Marken von der Querhöhe des Knotens ab nicht mehr imstande, die Neuralanlage durch eine quere Abschlußlinie organisationsgemäß zu treffen, da innerhalb dieser Quer-
linie eben auch Material von weit nach hinten
sich erstreckenden Abschnitten (Bodenteilen)
des Organs eingeschlossen ist.

Außerdem ist jetzt sicher, daß sowohl im
queren Hirnwulst wie auch seitlich die Farbe
um so weniger die Außengrenze eines Wulstes
erreicht, je näher sie ursprünglich vor (oder
seitlich vor) dem Knoten gelegen war. *Die
vordere und vorder-seitliche Grenze der Scheibe*
scheint, soweit sie überhaupt festzustellen ist,
ungefähr dieser *Außengrenze der Neuralanlage*
zu entsprechen.

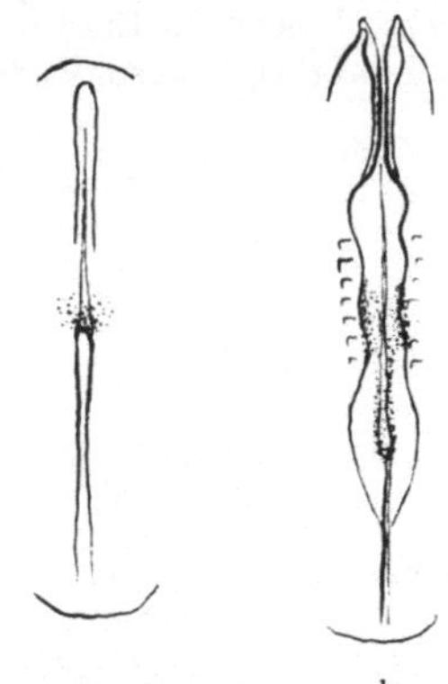

Im Gebiet der Scheibe bedeutet schließlich
jedes kleine Stück, um das sich die Marken von
vorn seitlich mehr nach rein seitlich vom
Knoten erstrecken, ein weiter nach hinten zu

Abb. 101. 261. Brutanfang 22.
V. 25, 10 Uhr vorm. 10× vergr.
a 23. V. 25, 12,40 Uhr nachm.
b 23. V. 25, 9 Uhr nachm.

gefärbtes Stück Neuralanlage. Rund gesagt, wurde von den bisher
hintersten Teilen der Marken auch noch das Mittelhirn mit getroffen.

Die Materialbewegung der angeführten Markierungen des Knotens
und seiner vorn anschließenden Umgebung ist in allen Stadien im wesentlichen gleich, sie ist auch dieselbe wie in den Versuchen, bei denen vor
dem Erscheinen der Chordaanlage markiert wurde. Was sich ändert, ist
nur der besondere *Abschnitt* der Organe, den die an homologer Stelle
liegenden Marken bilden, je nach dem Alter, in dem angefärbt wurde.

Markierungen von Scheibengebiet rein seitlich vom Knoten,
ohne ihn selbst zu berühren, zeigen die folgenden Versuche, der erste von
ihnen allerdings, entgegen allen anderen Versuchen, nur mittelbar.

470:
M.A. 11 Std. Rundes Keimfeld, Primitivstreifen bis in die Mitte.

M.L. links seitlich vor dem Primitivknoten, hinterer Rand der Marke etwas
hinter der Höhe des Streifenvorderrandes. Die Marke muß sich zunächst rein
seitlich neben den Knoten geschoben haben.

Nach 27 Std. bildete sie ein an den queren Hirnwulst anschließendes und hinten ganz frei endigendes äußeres Stück des seitlichen Neuralwulstes. Der Hinterrand der Marke stand $^1/_2$ t *vor* dem Knoten.

719 A (ähnlich 307):

M.A. 14 Std., ausgestalteter Streifen, keine Chordaanlage.

M.L. rundlich, 1 t lang, genau seitlich vom Primitivknoten (d. h. der Hinterrand der Marke etwas hinter, der Vorderrand etwas vor dem Knoten).

Nach 20 Std. war ohne jeden Zusammenhang mit der Marke ein Stück Chordaanlage gebildet; der Knoten lag jetzt etwas hinter dem Hinterrand der Marke, die auf $1^1/_2$ t seitlich der Chordaanlage entlang gedehnt war. Nach 25 Std. bildete die Marke ein Stück äußeren Streifens der offenen Neuralrinne hinter dem Stück, das in unseren früheren Versuchen dem queren Hirnwulst entsprach. Nach 37 Std. war denn auch dementsprechend die rechte Mittelhirn- und Hinterhirnhälfte gefärbt. Das zweite Stadium des Versuchs entspricht ungefähr der Marke von 660 A und bestätigt ihren Verlauf.

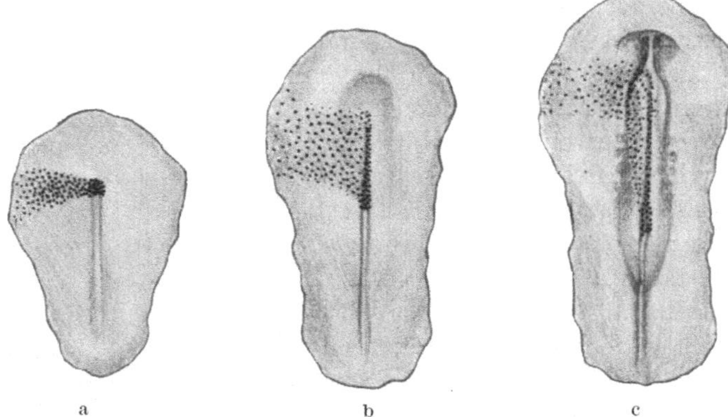

Abb. 102. 653. Brutanfang 24. III. 27, 11 Uhr vorm. 10× vergr. *a* 25. III. 27, 10,30 Uhr vorm. *b* 25. III. 27, 7,10 Uhr nachm. *c* 26. III. 27, 12 Uhr mittags.

Die letzten Versuche schließen sich in der Markierung der seitlichen Teile der Scheibe unmittelbar an die vorhergehenden an. Diese seitlichen Teile bilden ein nach hinten frei abschließendes *Stück* seitlichen Neuralorgans, ohne seinen Bodenteil. Dieses Stück ist um so länger, je weiter nach hinten die Anfangsmarke reichte (primäres Mittel- und Hinterhirn bei 719, nur Vorderhirn bei der ebensogroßen Marke von 712). Deutlich ist vor allem, wie der ungefärbte Knoten und Mittelteil des Neuralorgans an der Marke vorbeizieht und sie weiter und weiter vor sich liegen läßt, wie also sekundäres Vorfeld aus den Keimteilen neu entsteht, die hinter dem primären Vorfeld gelegen waren. Auch jetzt entspricht die seitliche Grenze der Scheibe etwa der des Neuralorgans.

Grundsätzlich dasselbe zeigte die

Markierung der Seitengebiete mit dem Knoten zusammen.

653 (Abb. 102):

M.A. 23 Std., ausgestalteter Streifen, keine Chordaanlage.

M.L. auf dem Primitivknoten und links seitlich davon in geringer, keilförmiger Verbreiterung nach dem Keimfeldrand zu.

Während der Bildung der Chordaanlage blieb der Vorderrand der Marke ungefähr im selben Abstand vom Keimfeldvorderrand wie anfangs stehen. Der Hinterrand zog sich durch die Dehnung des medianen Markenteils allmählich über die quere Lage hinaus spitz nach hinten aus. Wenn wir von den Randteilen absehen (sie blieben ungefähr an Ort und Stelle, verblaßten aber sehr rasch), so bildete die Marke nach 44 Std. verzögerter Bebrütung die ganze Chorda bis zum Knoten, ebenso links einen parallel laufenden Streifen Neuralrinnenboden, der sich nach vorn allmählich verbreiterte und schließlich in der Höhe des 1. Urwirbels den Neuralrinnenrand erreichte. Ungefähr vom Hinterrand des queren Hirnwulstes ab nach vorn war das Neuralorgan wiederum ungefärbt. Die ersten vier Urwirbel lagen ganz ungefärbt seitlich von der Neuralrinne.

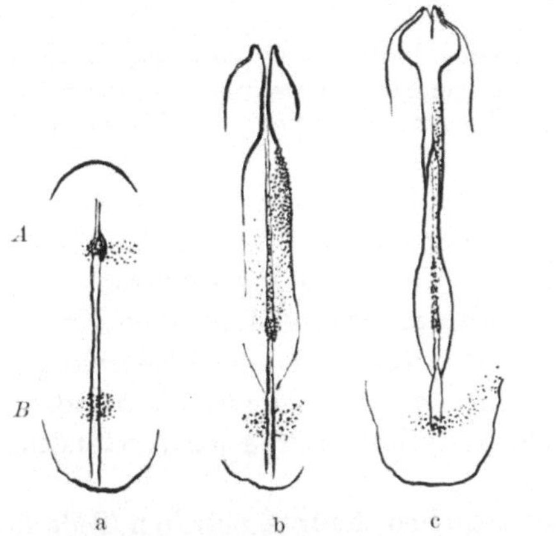

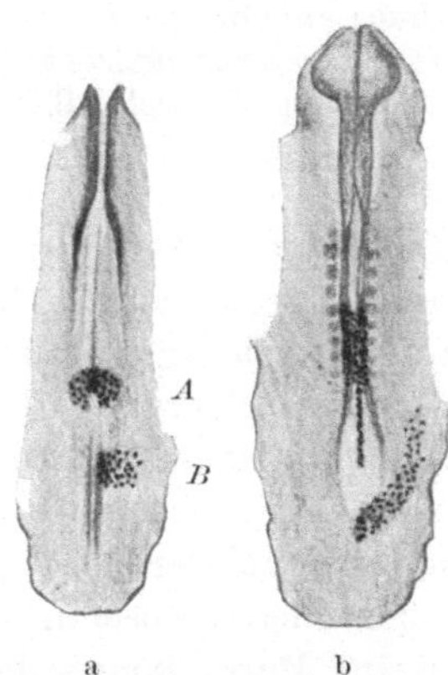

Abb. 103. 658, siehe auch S. 306. Brutanfang 25. III. 27, 11 Uhr vorm. 10× vergr. *a* 26. III. 27, 9 Uhr vorm. *b* 26. III. 27, 3,10 Uhr nachm. *c* 26. III. 27, 6 Uhr nachm.

Abb. 104. 664. Siehe auch S. 305 Brutanfang 27. III. 27, 10 Uhr vorm. 10× vergr. *a* 28. III. 27, 10,30 Uhr vorm. *b* 28. III. 27, 6 Uhr nachm.

Lagerung und Bewegung des Materials sollen auch hier noch durch *spätere Markierungen eines Stücks von sekundärem Vorfeld und seitlicher Teile des Sinus mitsamt dem Knoten* erläutert werden.

654:

M.A. 23 Std., Chordaanlage etwa $1/2$ t lang.

M.L. auf dem Knoten bis $1/2$ t vor ihm, 1 t hinter dem Vorderende des queren Hirnwulstes.

Nach 30 und 32 Std. war die Marke lang ausgezogen. Ein vorderer Teil bildete in ganzer Breite ein Stück Neuralorgan, das nach hinten zu spitzig auf den Knoten auslief. Die Chorda war von der Vordergrenze der Marke ab bis zum Knoten gefärbt. Nach 48 Std. war davon nichts mehr zu sehen; die Farbe saß noch im Neuralorgan von der Mitte des Mittelhirns ab, ausschließlich des Rautenhirns.

658 A (ähnlich 656, 673, 143) Abb. 103:

M.A. 22 Std., Chorda 1 t lang.

M.L. A quer auf dem Knoten und rechts seitlich von ihm, $1/2$ t lang.

Nach 25 Std. war die Marke auf $2^1/_2$ t verlängert und lief, wie die von 654, spitzig auf den Knoten zu. Knoten und Chorda blieben deutlich gefärbt bis kurz vor dem Endknopfstadium; der vordere Teil der Marke bildete seitliches Neuralorgan vom Vorderteil des Rautenhirns bis in die Höhe des 4. Urwirbels.

664 A (ähnlich 33, 36, 39, 42, 96, 159) Abb. 104:

M.A. 24 Std., Stadium der ersten Bildung von geschlitztem Neuralrohr.

M.L. innerhalb des Sinus auf dem Knoten und seitlich davon.

Nach 32 Std. färbte ein vorderer Teil der Marke Neuralrohr in ganzer Breite von der Höhe etwa des 4.—10. Urwirbels, während ein Chordateil in den sonst ungefärbten Sinus hineinragte.

97:

M.A. 24 Std., Vorderhirnbeulen.

M.L. Eine noch breit offene Neuralrinne erlaubte *ausnahmsweise* an dem sonst normalen Keim eine Marke auf dem Knoten und links seitlich von ihm innerhalb des Sinus anzubringen.

Die Marke veränderte sich im wesentlichen in derselben Weise wie die vorher besprochenen. Der schließlich nach 32 Std. gefärbte Neuralrohrabschnitt reichte vom 10. Urwirbel ab ein Stück weit nach hinten, das auf etwa fünf Segmente zu schätzen war.

Die letzten Markierungen haben, ähnlich wie die von Vorfeld und Knoten, sowohl seitliche Teile der Scheibe als auch median den Knoten getroffen. Wieder ist mit den seitlichen Teilen ein abgeschlossenes seitliches Stück Neuralorgan bezeichnet worden, während aus dem Knoten, solange beobachtet wurde, Chorda und mittlere Teile des Neuralorgans hervorgingen. Der Zeitpunkt der Markierung hat auch hier die grundsätzliche Art der Materialbewegung nicht beeinflußt, nur, selbstverständlich, den besonderen Abschnitt bestimmt.

Keine Marke konnte bisher die seitlichen, hauptsächlichen Teile des Neuralorgans weiter als bis zum Hinterhirn treffen. Ihre Quelle kann nur in immer weiter hinten liegenden Bezirken des jeweiligen Primitivgebietes gesucht werden.

In den folgenden Versuchen wurde die

Markierung des Primitivknotens und eines dahinter anschließenden Stückes Primitivstreifen

durchgeführt.

407 A (ähnlich 650):

M.A. 9 Std., ausgestalteter Streifen, keine Chordaanlage.

M.L. quer über dem Knoten und, etwa $1^1/_2$ t lang, nach hinten auf dem Streifen und beiderseits von ihm.

Nach 18 Std. war die Chordaanlage 3 t lang gebildet. Die ganze Marke hatte sich ausgedehnt. Ihr Vorderrand schloß quer, wie anfangs, hinter dem queren Hirnwulst ab und lieferte damit in umgekehrter Weise genau dieselbe Grenze wie früher z. B. 624. Der ursprünglich ebenfalls quere Hinterrand der Marke hatte sich, ähnlich wie die Hinterränder der früheren Knotenmarken, nach hinten zugespitzt, ohne daß der Abstand seiner Spitze vom Knoten sich wesentlich verringert hätte. Die Marke bildete seitlich von der Chordaanlage außer der Chorda das Neuralorgan in fast ganzer Breite, hinter dem Knoten den Sinus rhomboidalis, aber nicht in ganzer Breite und nicht bis zu seiner Spitze.

Nach 23 Std. war das Vorderende des Keims so weit ausgebildet, daß sich ein ungefärbter Vorderhirnbezirk mit dem Anfang des Mittelhirns in querer Grenzlinie von dem gefärbten Stück Neuralorgan abzeichnete. Chorda und Knoten waren gefärbt, weiter ausgezogen, die Marke dabei im wesentlichen nicht verändert. Sie bildete Neuralorgan in ganzer Breite bis etwas vor dem Knoten, d. h. bis etwas zum 4. Urwirbel, von da ab weiterhin die inneren Teile der Neuralrinne und des Sinus rhomboidalis.

713 Abb. 105:

M.A. 19 Std., ausgestalteter Primitivstreifen.

M.L. spitz nach vorn zulaufend auf dem vordersten Teil des Streifens, so, daß der Primitivknoten eben noch die Spitze der Marke bildet; der vorderste Teil des Knotens blieb ungefärbt.

Auch diese Marke bildete in stetiger Längsstreckung Chorda und Neuralrinne. Die ursprünglich vom Knoten aus schräg nach hinten seitlich gerichteten vorderen Markenränder waren später (nach 28 Std.) genau quergestellt und grenzten einen ganz ungefärbten vorderen Neuralrinnenteil von dem gefärbten hinteren Teil ab. Dieser gefärbte Teil erstreckte sich vom Vorderrand der Marke jeweils bis zum Primitivknoten und um ihn herum in eine schmale innere Zone des Sinus rhombo-

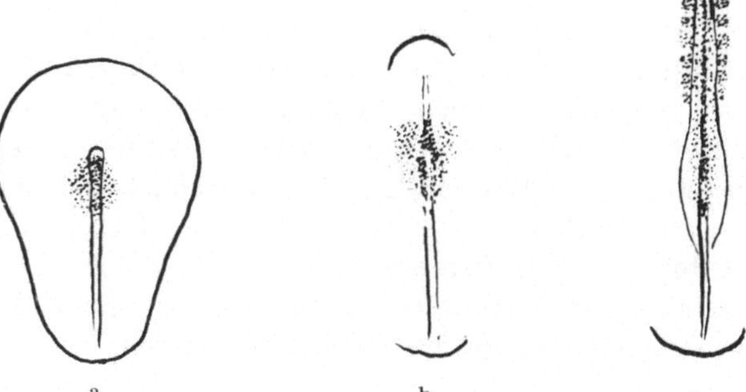

Abb. 105. 713. Brutanfang 20. VI. 27, 2,00 Uhr nachm. 10× vergr. *b* 21. VI. 27, 6,40 Uhr nachm. *c* 22 VI. 27, 1,10 Uhr nachm. (15 Stunden in 20° C.)

idalis. Die Neuralrinne war, wie der Sinus, nie in ihrer ganzen Breite gefärbt. Der Nichtfärbung des vordersten Knotenteils entsprach es, daß auch der vorderste Teil der Chorda in diesem Versuch ungefärbt blieb. Später zeigte die Ausgestaltung des Neuralorgans und die Urwirbelbildung, daß der 1. Urwirbel[1] die vordere, der 6. die hintere Grenze für die in ganzer Breite gefärbte Zone bildete. Die Urwirbel waren mitgefärbt.

Die den Streifen selbst treffenden Markierungen zeigen, daß nicht nur das Material des Knotens (als Materialquelle für die Chorda) sich ausdehnt, sondern auch ebenso das des vorderen Streifenteils. Wie die

---

[1] „1. Urwirbel" heißt stets vorderster, ganz abgegrenzter Urwirbel. Die Urwirbel sind im Anfang ihrer Bildung oft schwer zu sehen (ungleichmäßig auf beiden Seiten); außer Schwierigkeiten der Bestimmung, die sich *daraus* ergaben, habe ich bisher keinen Anhalt für eine spätere Bildung vorderster Urwirbel finden können.

Knotenmarke sich in Chorda und Neuralorganboden auflöst, so bildet der dicht an den Knoten hinten anschließende Teil des Streifens den Teil der Neuralrinne, der sich an den bisherigen Bodenstreifen seitlich anschließt, und zwar um so weiter nach der *Seite* zu, je weiter nach *hinten* der Streifen in die Marke mit einbezogen war. Der vorderste Teil des Streifens bleibt sich als Material in demselben Sinne gleich, wie wir es vom Knoten gesehen haben, und bildet, wie dieser, einen bestimmten Teil des Sinus rhomboidalis in gleichbleibender Lage dicht hinter dem Knoten, niemals die Sinusspitze.

Wenn die Marke seitlich vom Knoten weit genug reicht, so färbt sie das Neuralorgan ein Stück weit bis zu seiner seitlichen Grenze — aber immer nur ein Stück weit, niemals in der ganzen Länge, über die hin das Mittelgebiet der Neuralrinne gefärbt war.

Wieder zeigte sich, daß nur von der Vordergrenze des Knotens ab die Querlinie als einigermaßen organische Trennung von Keimteilen gelten kann. Wie die den Querlinien des Urkörpers entsprechende Trennung im Primitivstreifengebiet verläuft, das zeigt der Versuch 713: eine schräg vom Knoten aus nach hinten seitlich laufende Markengrenze war später im Urkörper ungefähr quer geworden. Wenn eine vom Knoten aus radiär nach hinten seitlich verlaufende Linie so verschoben wird, daß sie nachher quer wird, so müssen die Linien, die als Markengrenzen quer auf dem Knoten liegen, bei derselben Bewegung sich so verschieben, daß sie spitz nach hinten zu laufen. Wir fanden dies tatsächlich bei ursprünglich queren Knotenmarken und finden es nun auch bei Marken, die den vorderen Streifenteil quer getroffen hatten.

Zwei Versuche mit besonderer Anordnung der ersten Markierung sollen diese Grenzverschiebung noch einmal darstellen.

507:

M.A. 25 Std., ausgestalteter Streifen, ohne Chordaanlage.

M.L. schräg rechts, über den Knoten weg. Die Marke reicht vorn nur wenig über den Knoten hinaus. Ihr Hauptteil zieht nach rechts hinten, so daß der Knoten eben noch innerhalb der schräg vom Streifen weg laufenden Markenhintergrenze liegt.

Nachdem Neuralrinne und Sinus gebildet waren, färbte die Marke nach 31 Std. die ganze Chorda und ein rechtes Stück Neuralrinne von der Mittelhirngegend ab in ganzer Breite. Die hintere Abschlußlinie der Marke lief vom Knoten durch den Sinus, noch etwas schräg nach hinten. Später lief diese hintere Grenze nicht mehr schräg nach hinten, sondern schräg nach vorn durch den Sinus, dessen *Rand* nur noch im vorderen Teil gefärbt war.

Nach 49 Std. war die Chordamarke verblaßt; das Neuralorgan war vom Mittelhirn ab bis etwa zur Höhe des 8. Urwirbels noch gefärbt, die Urwirbel selbst ebenfalls. Die Farbe lag jetzt auf beiden Seiten der betroffenen Organe.

507 zeigt noch besonders die Verschiebung einer radiär durch den Sinus laufenden Grenzlinie in die Quere und, da der Knoten gefärbt war, mit seiner Verlängerung darüber hinaus nach hinten.

Der andere Versuch bedeutet, abgesehen von der Art der Verschiebung der Markengrenze, eine nahezu vollständige Wiederholung der gesamten, bisher besprochenen Markierungen, eine Bestätigung ihres wichtigsten Ergebnisses: Färbung der ganzen Chorda und der mittleren Teile des Neuralorgans, seiner seitlichen Teile aber immer nur ein vorderes Stück weit.

629 Abb. 106:

M.A. 24 Std., ausgestalteter Streifen, keine Chordaanlage.

M.L. auf dem Knoten, median und links vor ihm, links seitlich von ihm und nach hinten noch auf dem vordersten Fünftel des Streifens. Die Hintergrenze der Marke läuft schräg von medial vorn nach hinten seitlich, bis zum Keimfeldrand, den sie weit hinter dem Knoten trifft.

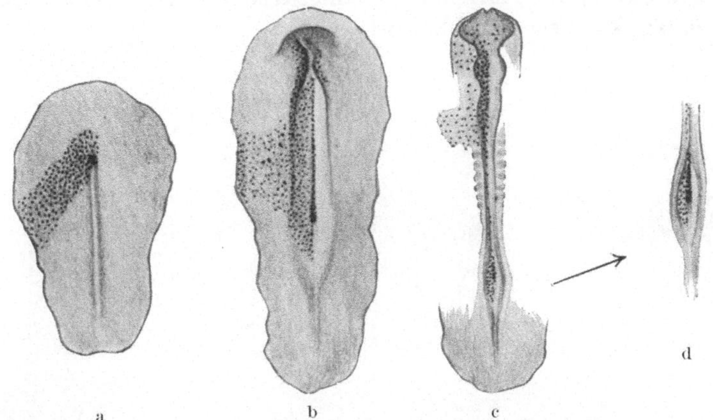

Abb. 106. 629. Brutanfang 17. III. 27, 9,30 Uhr vorm. 10× vergr. *a* 18. III. 27, 9,30 Uhr vorm. *b* 18. III. 27, 9,20 Uhr nachm. *c* und *d* 19. III. 27, 9,50 Uhr vorm.

Nach 34 Std. war die Chordaanlage 2 t lang zu sehen. Die Marke bildete die Chorda und die ganze linke Hälfte der Neuralanlage. Ihre Verbindung mit dem Keimfeldrand stand jetzt in der Höhe des Knotens. Die Marke färbte das vorderste linke Fünftel des Primitivstreifens ($^1/_2$ t lang), ihr Hinterrand verlief ganz quer.

Nach 36 Std. war die ganze linke Neuralanlage, die Chorda ($3^1/_2$ t lang) mit dem Knoten und hinter ihr der Streifen auf $1^1/_2$ t Länge gefärbt. Die Hintergrenze der Marke lief jetzt spitzig auf den hintersten gefärbten Primitivstreifenpunkt zu. Dieser Punkt lag etwas vor der Spitze des Sinus rhomboidalis. Die Seitengrenze des Sinus war von der Höhe des Knotens aber nicht mehr gefärbt.

Nach 48 Std. war die linke Neuralanlage bis etwa zur Höhe des 5. Urwirbels ganz gefärbt. Von hier ab nach hinten ging die Breite der Neuralrinnenfärbung zurück; immerhin blieb außer der Chorda der ganze Neuralrinnenboden gefärbt, nur die *Höhen*linie der Neuralfalte war jetzt farblos. Der Farbstreifen setzte sich nach wie vor in den Sinus hinein fort und bildete dort seinen inneren Teil nicht ganz bis zur Spitze.

Schließlich sei noch eine entsprechende *spätere Markierung des Primitivknotens und des vordersten Streifenteils* angeführt.

155 (ähnlich 40, 175, 176, 650):

M.A. 27 Std. Neuralplatte.

M.L. quer über dem vorderen Teil des Streifens und seitlich von ihm (rechts *und* links); der vorderste Teil des Primitivknotens ist nicht mehr gefärbt.

Die Marke zog sich so in die Länge, daß sie Neuralrohr etwa vom 1. Urwirbel ab bildete; da der hintere Teil des Sinus von vornherein nicht gefärbt war, beschränkte sich die Neuralfärbung der hinteren Abschnitte auf den Mittelstreifen. Die vordere Grenze der Marke blieb nicht quer, sondern wurde dadurch in der Medianlinie eingedrückt, daß die Chorda noch ein Stück weit ungefärbt blieb.

Auch hier ist deutlich, daß die Art der Materialbewegung und -auflösung sich an homologer Stelle verschiedenaltriger Keime gleichbleibt. Das kleine Stück Knoten, das nicht mitgefärbt war, hat mit seiner Auflösung in Chorda die Marken etwas eingedrückt — nur wenn sie *vor* dem Knoten lag, kann sie quer bleiben!

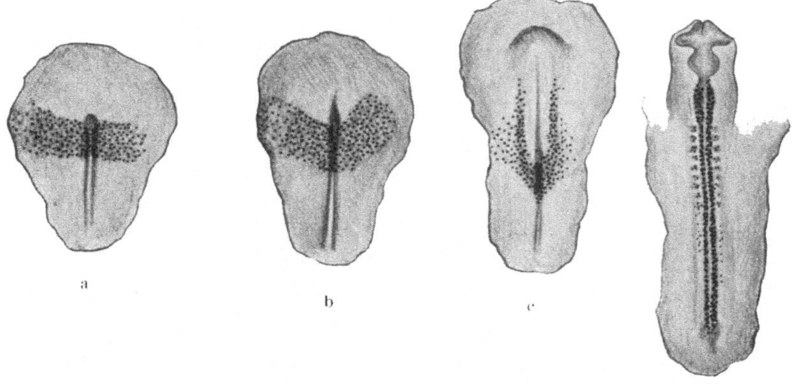

Abb. 107. 620. Brutanfang 14. III. 27, 9 Uhr vorm. 10✕ vergr. *a* 15. III. 27, 8,30 Uhr vorm.
b 15. III. 27, 10,40 Uhr vorm. *c* 15. III. 27, 3 Uhr nachm. *d* 16. III. 27, 12,30 Uhr nachm.

An anderen Keimen soll versucht werden, das Schicksal des Primitivstreifens im einzelnen weiter zu verfolgen durch

Markierungen des Streifens hinter dem Knoten.

620 (ähnlich 172, 689) Abb. 107:

M.A. 23 Std., ausgestalteter Primitivstreifen ohne Chordaanlage.

M.L. breit und über 1 t lang quer über dem Streifen dicht hinter dem Primitivknoten; der Streifen ist in seinem vorderen Drittel gefärbt.

Nach 23 Std., mit dem Beginn der Chordabildung, war die anfangs quere Vordergrenze der Marke eingedellt, später zu einem engen Bogen ausgezogen. Die Marke bildete Neuralrinne vom Rautenhirn ab nach hinten, und zwar in ganzer Breite und noch über die Grenze des Organs hinaus mit Ausnahme eines mittleren Bodenstreifens. Die Spitze des Sinus war nicht gefärbt. Der anfangs deutlich ausgesparte Mittelstreifen wurde später immer schmäler und schließlich erschien auch er, wenn auch nur leicht, gefärbt. Das Neurolrohr stieß schließlich gefärbt an den *Endknopf,* der seinerseits nicht deutlich farbig war.

109 Abb. 108:

M.A. 24 Std., ausgestalteter Streifen, keine Chordaanlage.

M.L. dicht hinter dem Knoten, nur wenig nach seitlich (rechts) reichend.

Die Marke bildete einen inneren Streifen des Neuralrinnenbodens etwa von der Höhe des 1. Urwirbels ab, ohne irgendwo den Seitenrand der Neuralanlage ganz zu erreichen, und das an den Knoten anschließende Stück des Sinus. Besonders deutlich war an der Marke die Primitivgrube zu sehen als vordere Versenkung des Sinus, die vom Hinterende der Chorda begrenzt wird. Der Chorda-Neuralbodenstreifen blieb ausgespart.

380 A und B Abb. 109:

M.A. 24 Std., ausgestalteter Streifen ohne Chordaanlage.

M.L. A auf dem Knoten und dicht rechts vor ihm.

B ganz schmal und quer über dem Streifen, in kurzem Abstand hinter dem Knoten.

Die Marke A bildete die ganze Chorda und ein kleines Stück Neuralorgan in ganzer Breite im Bereich des primären Hinterhirns. Die Marke B begann sich erst nach 30 Stunden als Schleife auszuziehen. Der Abstand ihres Vorderrandes vom Knoten (dem Hinterrand der Marke A) verringerte sich, blieb aber stets als ungefärbter Zwischenraum bestehen. Dieser Zwischenraum war auch seitlich von der Chorda-

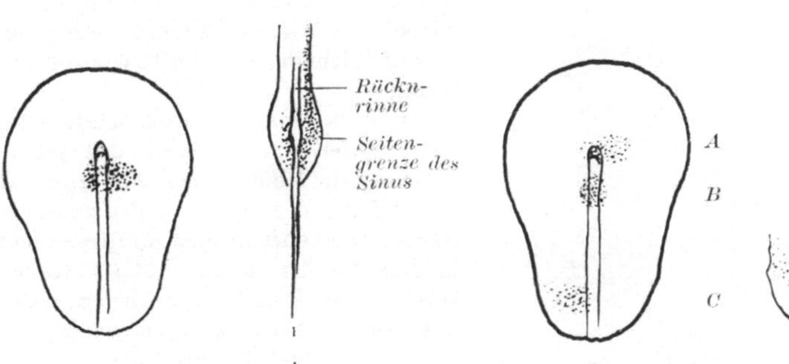

Abb. 108. 109. Brutanfang 18. I. 25, 12,15 Uhr nachm. 10× vergr. *a* 19. I. 25, 12,40 Uhr nachm. *b* 20. I. 25, 5,30 Uhr nachm.

Abb. 109. 380. Brutanfang 7. VIII. 25, 9 Uhr vorm. 10× vergr. *a* 8. VIII. 25, 9,10 Uhr vorm. *b* 8. VIII. 25, 8,50 Uhr nachm.

anlage zu sehen, wo die Schleife der Marke B einen schmalen Streifen seitlichen Neuralrinnenbodens bildete, während sie hinten als mittlerer Teil des hinteren Sinusabschnittes zusammenlief. Der Neuralrinnenstreifen der Marke B erreichte nirgends die Außengrenze des Organs. Die Vorderenden der Markenzipfel standen etwa in der Höhe des 7. Urwirbels.

382 (ähnlich 93, 128, 146, 151, 388, 379, 515):

M.A. 24. Std., ausgestalteter Streifen, keine Chordaanlage.

M.L. schmal (nicht breiter als 380), quer über dem Streifen, etwas weiter vom Knoten entfernt als bei 380.

Mit der Bildung der Chordaanlage zog sich die Marke als Schleife aus und ließ zwischen ihren Schenkeln eine ziemlich breite Neuralrinnenboden- und Chordastraße ungefärbt. Sie bildete in wesentlich verringertem, aber deutlichem Abstand vom Knoten und in unmittelbarer Fortsetzung des gefärbten Neuralteils ein mittleres Stück des hinteren Sinusfeldes, ohne aber je die hintere Sinusspitze zu erreichen.

Wohl aber erreichte die Marke die Seitengrenze des Neuralorgans auf eine ziemlich lange (nach der Urwirbelzahl nicht feststellbare) Strecke. Die Zipfel der gefärbten Neuralstreifen begannen vorn in der Höhe etwa des 4. Urwirbels.

Deutlich zeigen die Materialverschiebungen künstlicher Querbezirke auch

später Markierungen des Primitivstreifens hinter dem Knoten.

648:

M.A. 23 Std., Neuralplatte, Embryonalkörper 22, Primitivstreifen $6^1/_2$ t lang.

M.L. quer beiderseits über dem Primitivstreifen, Vorderrand dicht hinter dem ungefärbten Knoten.

Nach 31 Std. war der Embryonalkörper schon fast 5 t lang, der Streifen nur noch 5 t. Die Marke bildete das vorderste t des Streifens hinter dem ungefärbten Knoten und setzte sich schleifenförmig auf die Neuralfalten fort, unter Aussparung eines breiten mittleren Bezirkes. Der hintere Teil des Sinus blieb ungefärbt. Die Stelle, an der das Neuralorgan in ganzer Breite gefärbt war, entsprach nach 45 Std. dem 2. bis etwa 7. Urwirbel in stärkerer Färbung; ein längerer darauf folgender Abschnitt war schwächer farbig.

Von da ab nach hinten setzte sich ein Farbstreifen im Inneren des jetzt geschlossenen Neuralrohrs bis zum Endknopf fort; auch dieser selbst zeigte noch Farbe, ohne daß sie sich an diesen letzten beiden Stellen genau hätte bestimmen lassen. Die Urwirbel erschienen, namentlich vom 2. bis zum 7., schwach gefärbt.

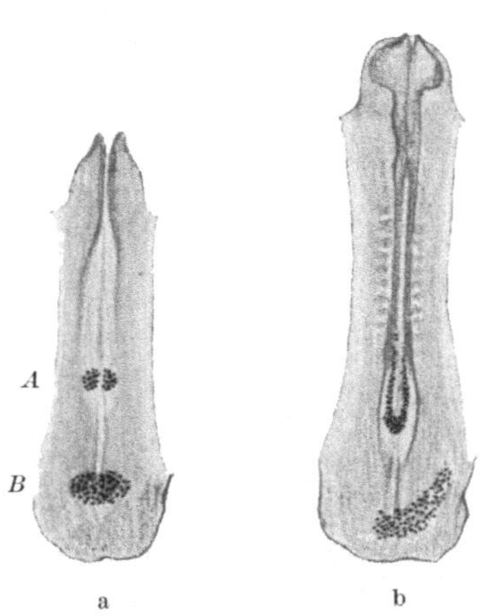

Abb. 110. 661. Siehe auch S. 306. Brutanfang 25. III. 27, 11 Uhr vorm. 10× vergr. a 26. III. 27, 9 Uhr vorm. b 26. III. 27, 8,20 Uhr nachm.

661 A Abb. 110:

M.A. 22 Std., Neuralrohr aufgewölbt bis zur Rautengrube.

M.L. innerhalb des Sinus, median schmal, dicht hinter dem Knoten.

Die Marke zog sich als feine Schleife lang aus und bildete, bis zum endgültigen Schluß des Neuralrohrs deutlich sichtbar, einen medialen Streifen des Neuralorganbodens, die Begrenzung der schmalen Rückenrinne über der Chorda.

254:

M.A. 34 Std., Augenblasen, 10 Urwirbel.

M.L. quer über den Sinus, dicht hinter dem Knoten.

Nach 48 Std. war die Marke aufs Doppelte ihres Anfangsmaßes verlängert und bildete Neuralrohr bis zum Endknopf, der selbst nicht deutlich gefärbt war.

Die angeführten Versuche zeigen allein, was vorher schon im Zusammenhang mit dem Knoten zu sehen war. Das Primitivstreifengebiet hinter dem Knoten verhält sich wie dieser selbst: es löst sich auf mit der Bildung von Urkörperteilen, gibt ständig Material dazu ab, *bleibt* aber dabei, was es zu Anfang ist, eben der vordere Teil des Primitivstreifens.

Die Eindellung der Marken mit dem Beginn der Chordabildung entspricht ziemlich genau der Ausbuchtung einer Marke, die quer noch eben über dem Knoten gelegen war; was damals gefärbt wurde, die Chorda und ein mittleres Stück Neuralorgan, ist jetzt ausgespart.· In einigen Versuchen ist dieses Bild allerdings dadurch verwischt, daß sich in ihrem Verlauf auch der Mittelstreifen leicht färbt. Vielleicht läßt sich das damit erklären, daß ein hinterster Teil des Knotens doch noch mit getroffen war. Schon früher (713) schien sich ja anzudeuten, daß den verschieden weit vorn gelegenen Teilen des Knotens eine verschiedene Bedeutung für die Lieferung an Chorda zukommt. Wenn bei 713 ein vorderster Chordaabschnitt durch Nichtfärben eines vordersten Knotenteils ungefärbt blieb, so ist wohl anzunehmen, daß bei 620 ein noch größerer, ungefärbter Teil des Knotens zunächst ein ziemlich langes Stück Chorda lieferte, bis schließlich die gefärbten hinteren Teile des Knotens an die Reihe kamen, Material zu liefern. Die Frage überschreitet hier die Grenzen, die ihrer Beantwortung durch die Schwierigkeiten der Methodik gesetzt sind (Feststellung der genauen Knotengrenze am lebenden Keim; spätere Möglichkeit der Verwischung durch Stoffwechsel). Es könnte außerdem sein, daß tatsächlich der Knoten, parallel mit seinem Zurücktreten und Verschwinden, als abgrenzbare äußere Form, auch als Lieferungszentrum sich weniger scharf vom anschließenden Teil des Streifens absetzt; das wird sich nur durch Operationsversuche entscheiden lassen.

Jedenfalls ist bis kurz vor der Endknopfbildung mit einem deutlich *hinter* dem Knoten liegenden Gebiet der Materialbezirk der Chorda abgeschlossen, und es handelt sich bei der Auflösung des Streifens nur mehr um die Bildung von Teilen des Neuralorgans und offenbar von Mesoderm.

Die markierten Teile des Streifens bilden Neuralorgan um so weiter nach der Seite (der offenen Neuralplatte), je weiter nach der Seite sie selbst ursprünglich reichten *und* je weiter *hinten* gelegene Teile sie getroffen hatten. So treffen die Marken ein Stück des Neuralorgans in ganzer Breite, wenn sie so weit seitlich gelegen waren, wie es der ungefähren Fortsetzung der Scheibengrenzen, später der Sinuslinien auf den Streifen zu, entspricht. *Immer* aber ist in den bisherigen Versuchen nur ein Teil des Organs in ganzer Breite getroffen, und die Schlinge wird von einem bestimmten Abschnitt ab nach hinten immer schmäler; niemals war die Spitze des Sinus, nie das ganze Neuralorgan gefärbt. Die Umgestaltung der Marken ließ sich manchmal bis zur Bildung des Endknopfes verfolgen, der dann immer mit nur mehr teilweise gefärbtem Neuralrohr zusammenhing und auch selbst nur schwach und kaum näher bestimmbar gefärbt schien. Es sei daran erinnert, daß das, was im Flächenbild als hinterster Teil des Neuralrohrs erscheint, tatsächlich schon dem vorderen Teil des Endknopfs angehört.

Das Material der Seitenlinien des Sinus entspricht, wie es schon von vornherein nahelag, den Seitengrenzen des Neuralorgans; der von ihnen eingeschlossene vordere Teil des Primitivstreifens bleibt sich als Materiallieferungsbezirk, wie der Knoten, bis zur Bildung des Endknopfes gleichwertig.

Die Mitfärbung des *Mesoderms* wechselt. Es handelt sich hier ohne Zweifel um eine echte primäre Materialfärbung seines Lieferungsgebietes im Primitivstreifen. Dieser Bezirk betrifft Teile des Urwirbelmesoderms — offenbar nicht den ganzen Urwirbelbezirk, an dessen formalen Zusammenhang mit dem vorderen und mittleren Teil des Streifens erinnert sei. Die Mesodermlieferung geht der Entstehung des Neuralorgans grundsätzlich insofern parallel, als die vordersten Teile des Streifens die mittelsten Teile des Mesoderms liefern — weiter hintere Streifenabschnitte entsprechend weiter außen, seitlich liegende Teile des Mesoderms. So entspricht also das formale Einmünden der Mesodermstränge in den Streifen wohl ihrer Entstehung *aus* ihm. Neuralorgan und Mesoderm entstehen vielleicht auch insofern parallel zueinander, als sich die zu einem späteren Urkörperteil gehörigen, *über*einander liegenden Teile beider Organe gleichzeitig und von vornherein schon übereinander aus dem Streifen auslösen. Wenigstens habe ich keine deutliche Verschiebung von Mesoderm gegen Ektoderm gesehen, nachdem die Bewegung des Zustroms zum Streifen einmal zum Stillstand gekommen ist. Der Versuch 683 (B Abb. 100) zeigt übrigens, daß dieser Stillstand erst *nach* dem Erscheinen der Chordaanlage endgültig eintritt (Verschmälerung der Marke = Fortsetzung des Einströmens). Dies steht im Einklang mit der früher an Durchbeobachtungen festgestellten Regel, daß der Streifen noch eine Zeitlang wächst, nachdem schon die Chordaanlage erschienen ist.

Die *Unregelmäßigkeit* der Mitfärbung des Mesoderms geht wahrscheinlich darauf zurück, daß der Streifen ja doch in seinem vorderen Teil recht dick ist und es kaum je berechnet — auch niemals kontrolliert — werden kann, wie tief er von Anfang an durchgefärbt war. So wird je nachdem nur oberes Material Neuralorgan farbig liefern oder tieferes auch Mesoderm.

Auch das Durchhalten der Farbe bis in das Endknopfstadium ist schwer zu berechnen und zu beurteilen. Die Endknopfbildung bedeutet eine sehr lebhafte Zellvermehrung, und es ist wohl möglich, daß, wie bei der ersten Mesodermbildung, die schon weitgereiste und geschwächte Farbe dabei zerstört wird.

Soll der bisher nie getroffene Rest des Neuralrohrs und des Urwirbelmesoderms gefärbt werden, so kann dies nur durch noch weiter rückwärts liegende

Markierungen der Streifenmitte

oder eines Gebietes kurz davor versucht werden.

682 Abb. 111:

M.A. 22 Std., ausgestalteter Primitivstreifen, keine Chordaanlage.

M.L. breit quer nach links von der Streifenmitte, ziemlich weit nach der Seite reichend.

Die Marke verschob sich mit parallelen Seiten so, daß sie, wie alle Streifenmarken, mit dem Streifen selbst in Zusammenhang blieb. Sie bildete schließlich, lang nach vorn ausgezogen, die hintere Spitze und den äußeren Rand des Sinus und, immer in deutlichem Abstand vom Knoten, einen Außenstreifen des Neuralorgans, der spitz in der Gegend des 7. Urwirbels anfing.

Außerdem war das Ektoderm seitlich dieses Stücks Neuralorgan und darunter offenbar die Urwirbelplatte gefärbt, aber nur ein Stück weit und nicht ganz klar.

301 (ähnlich 330, 350) Abb. 112:

M.A. 9 Std., eben oval gewordenes Keimfeld.

M.L. quer links neben der Mitte des Streifens, ziemlich weit nach der Seite reichend.

Das Stadium des erwachsenen Streifens wurde nicht beobachtet. Nach unseren früheren Befunden muß die Marke medialwärts in den Streifen hinein-

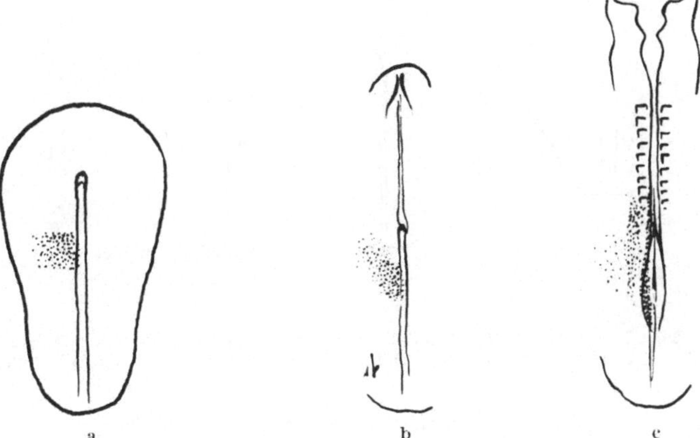

Abb. 111. 682. Brutanfang 10. V. 27, 11 Uhr nachm. 10× vergr. *a* 11. V. 27, 9,50 Uhr vorm. *b* 11. V. 27, 7,40 Uhr nachm. *c* 12. V. 27, 6,30 Uhr nachm.

gewandert sein; das seitliche Material war so weit gefärbt, daß der Nachschub ein gänzliches Verblassen der Marke verhinderte.

Damit stimmt die spätere Beobachtung überein: Die Marke bildete, scharf auf die linke Streifenseite beschränkt, ein Stück Primitivstreifen, d. h. den hinteren Teil seines im Sinus laufenden Stückes, bis zur Sinusspitze. Vom Streifen aus ging eine Farbzone des Sinushinter- und Seitenrandes und der Außengrenze der Neuralrinne. Der Farbstreifen endigte spitz in der Höhe des 3. Urwirbels.

Im Stadium der letzten Beobachtung stand der Sinus kurz vor seinem Schluß; der gefärbte Teil des Streifens entsprach jetzt der Gegend, die in der Formgeschichte der beginnenden Hauptanschwellung des Endknopfes zu entsprechen schien.

Die Fortsetzung eines alten Versuches soll die Organisation des Sinus noch einmal an zwei Marken zeigen.

475, Fortsetzung (ähnlich 745) Abb. 89:

Der Streifen war von beiden Seiten her markiert worden; die eine Marke(A) lag schließlich auf seiner Mitte und begann dort schon zu verblassen, während die andere (B) ihn erst etwas später in seinem vorderen Drittel erreicht hatte.

Mit der Embryonalkörperbildung wurden die Marken ausgezogen. B bildete in deutlichem Abstand vom Knoten einen Streifen Neuralrinne, der in der Höhe des 1. Urwirbels begann und die Neuralorgangrenze nicht ganz erreichte. Die schon blassere Marke A zog sich ebenfalls aus. Ihrer weiter rückwärtigen Lage entsprach es, daß der Auszug später begann, d. h. daß das Vorderende des Zipfels weiter rückwärts lag als das von B, und daß der Farbstreifen weiter außen liegende Bezirke betraf, nämlich den Rand und anschließendes Hautgebiet. Der Vorderrand der Marke A entsprach der Höhe des etwa 3., der der Marke B des 1. Urwirbels.

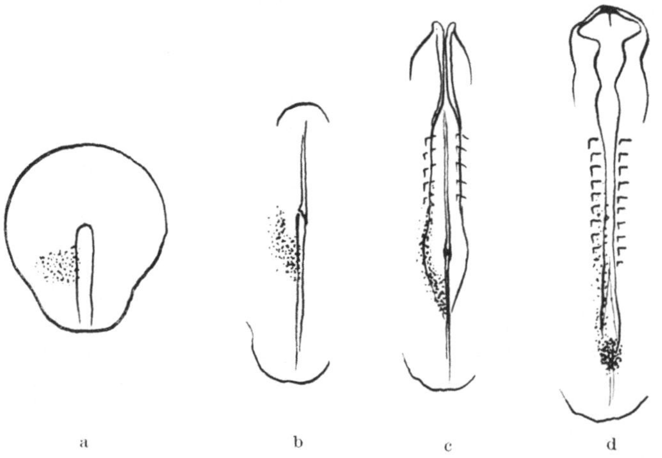

a   b   c   d

Abb. 112. 301. Brutanfang 1. VII. 25, 9 Uhr vorm. 10✕ vergr. a 1. VII. 25, 6,25 Uhr nachm. b 2. VII. 25, 9,40 Uhr vorm. c 2. VII. 25, 2,15 Uhr nachm. d 3. VII. 25, 7,05 Uhr nachm.

Spätere Markierungen der Streifenmitte

ergeben grundsätzlich dasselbe Bild wie die letzten Versuche.

663:

M.A. 24 Std., ganz kurze Chordaanlage.

M.L. quer auf dem Streifen und rechts von ihm, in der Gegend der Ebene. Vorderrand der Marke 1 t hinter dem Knoten.

Nach 31 Std. bildete die Marke die Außenlinie der Neuralrinne und des Sinus bis zu und einschließlich seiner Spitze; die Vordergrenze der Marke lag hinter dem 3. Urwirbel.

747 (ähnlich 660 B Abb. 99):

M.A. 21 Std., kurze Chordaanlage.

M.L. 1 t hinter dem Knoten, quer über dem linken Teil des Streifens in seiner vorderen Hälfte und bis fast zum Keimfeldrand seitlich von ihm.

Die Marke zog sich in ihrem medialen Teil lang aus als linke Außenlinie des Neuralrohres und des Sinus mit seiner Spitze. Der ursprünglich seitliche Teil der Marke blieb so ziemlich an Ort und Stelle neben ihrem vorderen Teil.

Nach der Bildung des Endknopfes war das Bild nur dadurch verändert, daß Farbe mit dem Neuralrohrschluß nach der anderen Seite und auch dem Dotterwall entlang gewechselt war. Der Endknopf selbst war schwach gefärbt. Die vordere Grenze des Farbbezirks entsprach etwa dem 4. Urwirbel. Die Urwirbelzone des Mesoderms war wieder nur ein Stück weit gefärbt.

306 (ähnlich 500, 676, 681, 710, 751, 632 B) Abb. 113:

M.A. 26 Std., Embryonalkörper und Primitivstreifen etwa gleich lang.

M.L. symmetrisch quer über der Mitte des Streifens.

Die Marke bildete als lang ausgezogene Schleife die Außenstreifen des Neuralorgans und des Sinus, von der Höhe etwa des 9. Urwirbels ab. Nach der Bildung des Endknopfes reichte die Schleife bis zu ihm; auch er selbst war mitgefärbt.

675 (ähnlich 698 B):

M.A. 27 Std., 4 Urwirbel.

M.L. quer über der Spitze des Sinus.

Der Verlauf des Versuchs war durch eine Verletzung des Keims gestört. Immerhin war zu sehen, daß die Schleife, in die sich die Marke auszog, auch den Endknopf färbte. Im Neuralrohr begann die Färbung erst in der Höhe des 20. Urwirbels.

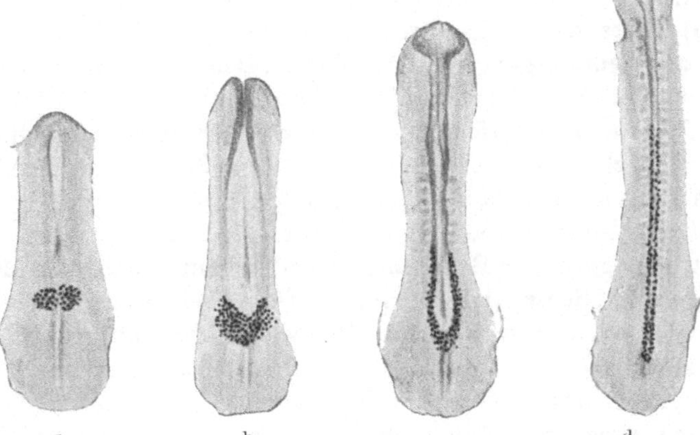

Abb. 113. 306. Brutanfang 1. VII. 25, 9 Uhr vorm. 10× vergr. *a* 2. VII. 25, 11,25 Uhr vorm. *b* 2. VII. 25, 2,45 Uhr nachm. *c* 2. VII. 25, 7,35 Uhr nachm. *d* 3. VII. 25, 3,35 Uhr nachm.

44:

Noch spätere Färbung der Sinusspitze ließ im wesentlichen denselben Verlauf der Markenverschiebung, aber keine bestimmten Einzelheiten mehr erkennen.

In den letzten Versuchen ist nun tatsächlich nach der Markierung des (vorder-) mittleren Streifenabschnittes das hintere Feld des Sinus und seine Spitze gefärbt erschienen, ebenso im weiteren Versuchsverlauf die Seitenlinie der Neuralrinne und damit die Höhenlinie des Neuralrohres, solange überhaupt — bis zum Endknopfstadium — seine Bildung verfolgt wurde. Auch der Endknopf selbst erschien, nicht immer stark, aber doch deutlicher gefärbt als in den vorhergehenden Versuchen.

Die Breite der Marke, die nötig war, um die Außengrenze des Neuralorgans zu treffen, war ja schon früher immer geringer geworden, je weiter hinter dem Knoten ursprünglich gefärbt wurde; in den letzten Versuchen ist sie mit der des Streifens selbst identisch geworden, d. h. das Zentrum für die Bildung des äußersten seitlichen Neuralbezirkes liegt in oder etwas vor der Streifenmitte. Wenn wir uns diese verschiedenen Breiten am Keimfeld mit ausgestaltetem Streifen zu einer Linie zusammenziehen, so hat diese seitlich vom Knoten ihre größte Entfernung vom Streifen und läuft von da aus auf seine Mitte zu — eine Linie, die mit unseren alten Grenzen der Scheibe identisch ist und den Grenzen des Sinus entspricht. Nachdem sich schon im primären Vorfeld die Scheibengrenze als die Außenlinie der Neuralanlage erwiesen hatte, steht dies nun für die ganze Scheibe fest. Ihre Organisation ist aber im Streifengebiet völlig anders als im Vorfeld. Der Primitivstreifen ist nicht quer in Materialbezirke geteilt, die den Segmenten entsprächen, sondern er ist und bleibt Zentrum für die Materiallieferung des Neuralorgans in seiner ganzen Länge. Diese Lieferung ist so verteilt, daß der vorderste Streifenteil den mittleren Teil des Neuralorgans (immer auf die offene Neuralplatte bezogen) liefert, der übrige Streifen um so mehr seitlich liegende Längsbezirke des Neuralorgans, je weiter hinten seine Abschnitte liegen. Mit der Streifenmitte ist der Neuralbezirk abgeschlossen.

Der Endknopf entspricht, wie dies auch die Formenreihe schon wahrscheinlich machte, dem vorderen und mittleren Streifenteil, dem hinteren Teil des Sinus rhomboidalis — dem Knoten und der Ebene.

Auch die Mesodermlieferung wird durch die letzten Versuche noch beleuchtet, wenngleich die Beobachtung des Farbaufenthaltes im Mesoderm unter denselben Schwierigkeiten leidet, wie sie bei den vorhergegangenen Versuchen beschrieben wurden. Die weiter zurückliegenden Marken treffen schon größere Abschnitte des Urwirbelstranges, zum Teil auch Stücke seitlich davon liegenden Mesoderms. Es scheint, daß die Urwirbelzone, ganz parallel dem Bilde der Formenreihe, in der Mitte des Streifens bis *über* den Bezirk des Neuralorgans *hinaus* ihr Ursprungsfeld hat. Aus ihm wachsen die Urwirbelstränge parallel mit dem seitlichen Teil der Neuralrinne und anschließendem Hautgebiet heraus, so wie die Chorda, das mediane Mesoderm, parallel mit dem Boden der Neuralrinne aus dem Knoten entsteht.

Das Material für die bisher noch nicht getroffenen Teile des Urwirbelstranges müßte also noch hinter dem Neuralbezirk im Streifen liegen. Wo die seitlichen Teile der Urwirbelzone mitgefärbt erscheinen, war nicht das Lieferungszentrum gefärbt gewesen, sondern schon von ihm abgerücktes Material. Das Zentrum selbst muß dann weiter hinten zu suchen sein.

Marken auf der hinteren Primitivstreifenhälfte werden darüber Aufschluß geben müssen.

152 Abb. 114:

M.A. 26 Std., ausgestalteter Streifen, keine Chordaanlage.

M.L. rechts quer über dem Streifen, knapp hinter seiner Mitte.

Die Marke bildete einen nach rechts ausgezogenen Farbstreifen, der mit dem Primitivstreifen stets im Zusammenhang blieb, den Sinus von außen umgab und im Mesoderm der Urwirbelzone entsprach!

Eine spätere Markierung zeigte grundsätzlich dasselbe:

378 (ähnlich 664 B, Abb. 104):

M.A. 23 Std., 7 Urwirbel.

M.L. quer auf dem Streifen hinter der Sinusspitze und seitlich davon.

Erst spät, nach der Bildung der Augenblasen, begann auch diese Marke sich zu krümmen und umgab in weitem Bogen, von dem hinteren Primitivstreifenrest ausgehend, den Sinus. Die Marke lag im Endknopfstadium in der Zone der schon sichtbaren Urwirbel.

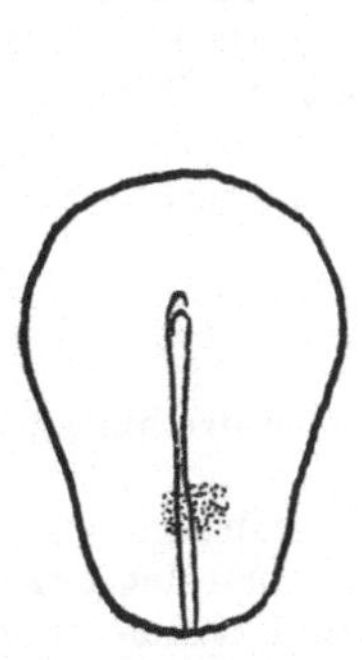

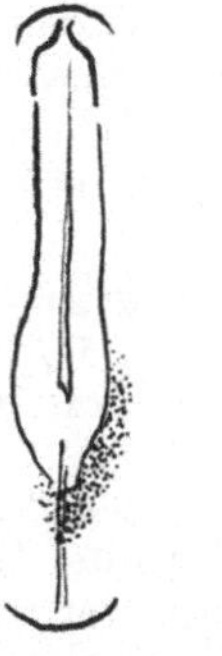
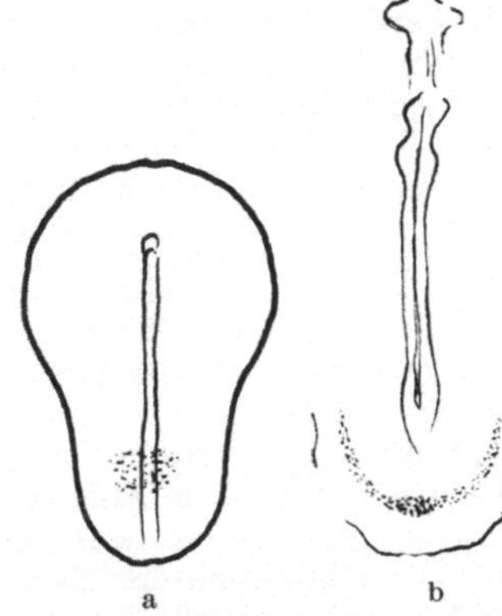

a   b

Abb. 114. 152. Brutanfang 11. II. 25, 9,30 Uhr vorm. 10× vergr.
a 12. II. 25, 11,20 Uhr vorm. *b* 12. II. 25, 6,15 Uhr nachm.

a   b

Abb. 115. 150. Brutanfang 11. II. 25, 9,30 Uhr vorm. 10× vergr.
a 12. II. 25, 10,50 Uhr vorm. *b* 13. II. 25, 9,50 Uhr vorm. (15 Stunden in 20° C).

Schon dieser Versuch hat nun tatsächlich den Rest des Urwirbelzentrums im Streifen getroffen, der über den Lieferungsbezirk des Neuralorgans nach hinten hinaus reicht. Noch weiter hinten trifft die Markierung den Streifen an den folgenden Versuchen, in denen dann Teile der Seitenplatten in ihrem Ursprung aus dem Primitivstreifen erscheinen.

150 (ähnlich 380 C) Abb. 115:

M.A. 25 Std., Streifen, keine Chordaanlage.

M.L. quer über dem Streifen an der vorderen Grenze seines hinteren Drittels.

Die Marke hielt dauernd Abstand von der Sinusspitze, wurde nur mehr wenig nach dem hinteren Keimfeldrande zu verschoben und erst später in weitem Bogen schmal doppelflügelig nach vorn ausgezogen. Die vorwiegend mesodermale Marke entsprach der Seitenplatte.

719 B:

M.A. 14 Std., noch nicht ganz ausgestalteter Streifen 4$^1/_2$ t lang.

M.L. etwa 1 t lang quer über dem Streifen, Vorderrand der Marke 2 t lang vor dem Hinterrand des Keimfeldes.

Die Marke breitete sich seitlich bis zum Keimfeldrand aus, und wurde dabei länger, ihr Hinterrand dem des Keimfeldes genähert.

Im Laufe der Embryonalkörperbildung buchtete sich auch ihr Vorderrand von vornher ein, um schließlich, nach der Bildung des Endknopfes, die Gegend des hinter dem Knopf liegenden Streifenrestes im Bogen zu umschließen. Während der Verlängerung des Streifens auf $5^1/_2$ t und während seiner Wiederverkürzung veränderte sich die Lage des Vorderrandes der Marke zum hinteren Keimfeldrand nicht wesentlich. Erst nach der Bildung des Endknopfes war ihre Vordergrenze nur mehr 1 t vom hinteren Ende des Keimfeldes entfernt. Im Mesoderm waren Teile der Seitenplatten gefärbt.

Auch diese Bilder sollen durch einige

spätere Markierungen der hinteren Hälfte des Streifens

ergänzt werden.

725 (ähnlich 657, 697):

M.A. 24 Std., Embryonalkörper und Primitivstreifen je etwa $3^1/_2$ t lang.

M.L. berührt die Sinusspitze, im übrigen symmetrisch quer dahinter.

Die Schleife, in die sich die Marke auszog, bildete um das ungefärbte Neuralorgan herum Ektoderm und vor allem die Seitenplatten, die nach der Bildung des Endknopfes von beiden Seiten her in dem Primitivstreifenrest zusammenmündeten, der hinter dem Endknopf liegt. Das Vorderende lag, soweit zu bestimmen war, in der Gegend des 20. Urwirbels.

658 B (ähnlich 501, F 9 Abb. 103):

M.A. 22 Std., kurze Chordaanlage, Streifen $5^1/_2$ t lang.

M.L. $^1/_2$ t lang auf dem Streifen, mehr rechts; Hintergrenze der Marke 2 t vor der des Keimfeldes.

Die Marke vergrößerte sich, nach der rechten Seite besonders, in ganz weitem Bogen, der schließlich, im Anfang der Bildung des Endknopfes, an den letzten Teil des hinteren Streifenrestes angeschlossen war und Seitenplattenmesoderm bildete. Der Hinterrand der Marke veränderte seine Lage gegenüber dem des Keimfeldes wenig; schließlich war er ihm auf $1^1/_2$ t genähert.

661 B (Abb. 110):

M.A. 22 Std., vorderer Teil des geschlitzten Neuralrohrs gebildet.

M.L. 1 t lang auf dem Primitivstreifen, Hinterrand der Marke 1 t vor dem des Keimfeldes.

Die Marke breitete sich bald bis zum hinteren Keimfeldrand aus und verlief schließlich in weitem Bogen (Seitenplatte) vom hinteren Teil des Primitivstreifenrestes aus, der sich an die Sinusspitze anschließt.

In den letzten Versuchen lösen sich die Marken der hinteren Hälfte des Streifens ebenso auf, wie die vorher beschriebenen vorderen. Sie bilden, im Bogen ausgezogen, Hautektoderm und seitliches Mesoderm. Soweit sie sich, ursprünglich nahe der Streifenmitte gelegen, dicht an die letztvorhergehenden Versuche anschließen, handelt es sich um Hautektoderm, das an die Seitenlinie des Sinus und damit an das Neuralektoderm grenzt, und um Urwirbelmesoderm. Je weiter hinten markiert wurde, desto weiter entfernt von der Grenze des Neuralorgans liegt der Bogen der sich auflösenden Farbmarke, die jetzt Seitenplattenmesoderm liefert. Auch die hinteren Teile des Streifens bleiben sich als Lieferungsbezirk für bestimmte Längsstreifen von Ektoderm und Mesoderm des Urkörpers homolog; sie verkleinern sich, lösen sich auf, bewahren aber ihre Lage innerhalb des Ganzen.

Die Farbmarken ermöglichten erst eine genauere Bestimmung und damit Messung der Unterabteilungen des Primitivstreifens, die wir formal unterscheiden und jetzt, auch im Flächenbild, wieder erkennen konnten als den Knoten (Material für Chorda und Boden der Neuralrinne), als den vorder-mittleren Teil des Streifens (Ebene, Material für Urwirbel und Seiten der Neuralrinne) und als den hinteren Teil des Streifens (Material für Seitenplatten und Hautektoderm). Messungen sollen an einigen Beispielen das Größenverhältnis dieser ja im einzelnen nach der Form nur schwer, nach dem Markierungserfolg aber leichter abgrenzbaren Teile darstellen.

Die drei Beispiele zeigen gegenüber dem Wachstum des Embryonalkörpers die Abnahme der Primitivstreifenlänge im ganzen. Daneben ist bei 719 (Abb. 116) der ursprünglich hinterste Abschnitt des Streifens dargestellt; er war nach der Ausbildung des Sinus noch hinter dem eigentlichen Streifenende gelegen, hatte also seinen eigenen Streifencharakter, die Rinne vor allem, verloren. Die Abnahme seiner Länge auf die Hälfte ist wesentlich unbedeutender als die des übrigen Streifens auf ein Viertel des ursprünglichen Maßes.

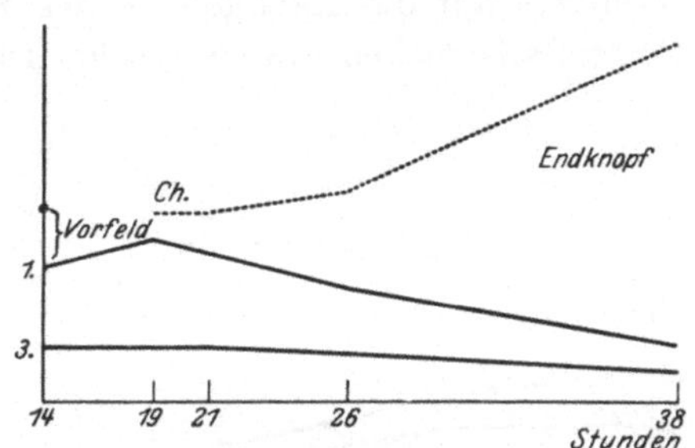

Abb. 116. 719. Wachstumskurven eines Keims vom Stadium vor dem Erscheinen der Chordaanlage (Abb. 21) bis zur Bildung des Endknopfs (Abb. 58). 5× vergr. .... Länge des ganzen Keims (vom vorderen Rand des Neuralorgans bis zum hinteren Rand des Keimfeldes). 1. ——————— Länge des ganzen Primitivstreifens (vom vorderen Rand des Knotens bis zum hinteren Rand des Keimfeldes). 3. ——— Länge des hintersten Teils des Primitivstreifens (nur durch die Markierung zu bestimmen als der schließlich hinter der Seitenplattenzone liegende Abschnitt der Medianlinie).

Bei 747 (Abb. 117) sind neben den Gesamtmaßen des Streifens die Längen seiner hinteren drei Fünftel eingetragen; sie entsprechen dem außerhalb des Sinus und später hinter dem Endknopf liegenden Streifenteil. Auch hier verminderte sich der hintere Abschnitt weniger (auf die Hälfte) als der vordere (auf ein Viertel).

Bei 658 (Abb. 118) sind schließlich beide Maße, hinterer Teil bis zum Sinus (wie bei 747) und letzter Teil (wie bei 719) aufgezeichnet. Der Versuch ist nicht bis zum Endknopfstadium durchgeführt. Immerhin unterscheiden sich die angebahnten Veränderungen der Abschnittslänge auch hier schon in der Art, daß der vorderste Abschnitt (der Sinusteil) am deutlichsten zurückgeht, der folgende schon weniger (auf zwei Drittel), der letzte am geringsten (auf drei Viertel).

Der hinterste Teil des ursprünglichen Streifens scheint also in verhältnismäßiger Ruhe zu bleiben. Er verliert seinen Streifencharakter allmählich völlig und beteiligt sich nicht an den Vorgängen der Urkörperbildung. Im übrigen erschwert die Variabilität eine genaue Bezeichnung der Lieferungsbezirke des Streifens nach „Dritteln" oder „Vierteln" ganz außerordentlich.

Haltbarkeit und Sitz der Marken seit der Bildung der Chordaanlage. Die Haltbarkeit der ganzen Marken seit der Ausgestaltung des Streifens ist mit ihrer durchaus regelmäßigen Art der Umformung wohl im Anschluß an unsere früheren Überlegungen hinreichend erwiesen. Die Einschränkungen, die auch hier zu machen sind, beziehen sich nach wie vor besonders auf die Randgebiete des Keimfeldes. Hier, im Bereich des Dotterwalls, ziehen offenbar, sehr früh schon und später immer mehr,

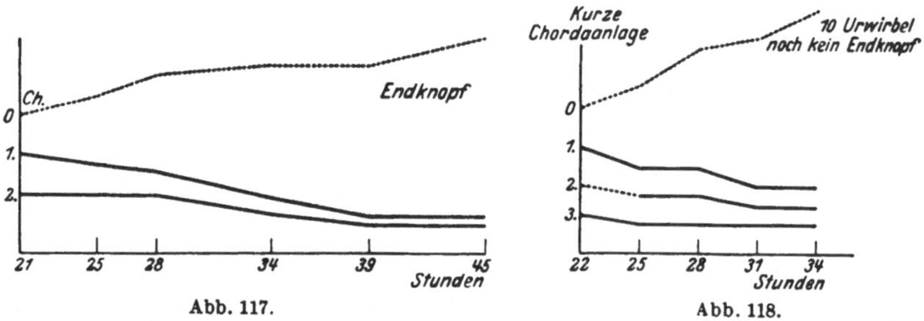

Abb. 117.   Abb. 118.

Abb. 117. 747. Wachstumskurven eines Keims vom Stadium kurz nach dem Erscheinen der Chordaanlage (Abb. 32) bis zur Bildung des Endknopfs (Abb. 58). 5× vergr. 2. ——————— Länge des hintersten und hinter-mittleren Teils des Primitivstreifens (nur durch die Markierung zu bestimmen, von der hinteren Sinus-Endknopfspitze bis zum hinteren Rand des Keimfeldes reichend). Übrige Bezeichnungen siehe Abb. 116. — Abb. 118. 719. Wachstumskurven eines Keims vom Stadium kurz nach der Bildung der Chordaanlage (Abb. 32) bis vor der Bildung des Endknopfs (Abb. 37). 5× vergr. Bezeichnungen siehe Abb. 116 und 117.

Stoffwechselvorgänge die Farbe in ihre Gewalt, und ebenso ist dies bei der weiteren Ausgestaltung des Urkörpers der Fall. Der schon ausführlich besprochene Farbübertritt aus einer gefärbten Hälfte des Neuralrohrs *vor* seinem Schluß in die bisher ganz farblose andere sei als Hinweis auf Stoffwechselströme nochmals genannt.

Der Sitz der Farbe ist an allen lange genug beobachteten Keimen jetzt, wenigstens nachträglich, einwandfrei zu sehen, wenn schließlich bestimmte ektodermale (Neuralrohr) oder mesodermale (Chorda, Urwirbel) Organe gefärbt sind. Nur in bezug auf Entodermfärbung und -materialverschiebung ist, der Unsicherheit der Beobachtung wegen, nichts ausgesagt.

Die Entwicklung der gefärbten Keime zeigt während der Urkörperbildung noch deutlicher als vorher — vor allem im Vergleich der ungefärbten und der gefärbten Seite *eines* Keims —, daß die Farbbezirke auf keinen Fall so stark vergiftet sein konnten, daß die groben und hier allein betrachteten Formbildungsvorgänge beeinträchtigt worden wären.

So können die Ergebnisse ohne wesentliche Einschränkung als Materialgeschichte gewertet werden.

Sie seien zuerst noch mit den einzigen Versuchen verglichen, die überhaupt am Huhn mit gleicher Fragestellung und grundsätzlich ähnlicher Methodik gemacht worden sind, denen von Kopsch. Die erste Versuchsreihe von 1898 hat ja Kopsch selbst wohl als unzulänglich betrachtet, vor allem, weil er die vitale Neutralrotfärbung noch nicht kannte und die erste Lage seiner Marke dementsprechend unsicher war. Daß er trotzdem einwandfreie Teilergebnisse erzielte, ist schon erwähnt.

Er fand, daß der prächordale Teil des Kopfes aus der Umgebung des kranialen Streifenendes entstehe, der Embryo also mit Ausnahme eben des prächordalen Teils aus dem Streifen selbst entstehen müsse. Diese in meinen Versuchen bestätigte Angabe ist in der neuen Arbeit von Kopsch weniger scharf gefaßt: die Anlage „des Kopfes" liege vor dem Primitivstreifen. Dagegen hat Kopsch nach seinen neuen, mit Hilfe der Neutralrotfärbung eingebrannten Marken seine alte, nicht richtige Ansicht von der Bedeutung der hinteren Hälfte des Streifens dahin verbessert, daß schon mit der Mitte des Streifens die Zone des späteren Endknopfes abgeschlossen ist[1] — eine Bestätigung meiner in Freiburg vorläufig gemachten Angaben und der beschriebenen Versuche. Die genaue Fassung: die vordere Streifenhälfte liefere die dorsalen, die hintere ventrale Teile von Rumpf und Schwanz, ist ungenau; der Bezirk aber, den er als Kopfplatte + Medullarplatte bis zur Schwanzknospengegend am ausgestalteten Primitivstreifen zeichnet, stimmt mit meinen Ergebnissen völlig überein. Und ebenso, das sei betont, steht keiner seiner neuen Versuche mit den meinigen in grundsätzlichem Widerspruch, wenn auch die Segmentnummern[2] sich nicht ganz decken. Der Gegensatz besteht vielmehr darin, daß bei Kopsch immer nur von den Abschnitten des Primitivstreifens als hintereinander gelegenen — und wohl (da nie etwas *anderes* darüber gesagt wird) der späten Segmentierung entsprechenden Zonen die Rede ist, ein Gegensatz, in dem ich auch Holmdahl, wie schon erwähnt, im Wesentlichen auf meiner Seite sehe. Wenn die Voraussetzungen gelten, so dürfen wir aber doch wohl Vogts Farbmarkierungen trotz mancher Unbestimmtheiten als *die* Methode zur Erforschung normalen Entwicklungsgeschehens ansehen; auch die Verbrennung ist ein Eingriff, der einerseits die Entwicklung stört und andererseits wohl schwer den Umfang der Störung so bemessen läßt, daß, wie bei der Farbmarkierung, das ganze Schicksal des betroffenen Materials abgelesen werden kann. Auch ist selbstverständlich mit jedem störenden Eingriff die bei der Markierung so reinlich geachtete Grenze verletzt, jenseits deren *Potenzen* des Keimmaterials aufgerufen werden könnten, die im normalen Geschehen schlafen.

Der einzige Versuch Holmdahls, die Markierung des Keims durch eine tiefgreifende Zerstörung dicht vor dem (nicht ganz jungen) Endknopf, führte zu dem Ergebnis, daß die Wunde später hinter der Flügelanlage angetroffen wurde. Dieser Befund deckt sich grundsätzlich mit meinen Versuchsergebnissen.

---

[1] d. h. er drückt sich so aus, daß in der Streifenmitte die Zone des Endknopfs liege und versteht dies wohl in dem Sinne der alten Vorstellungen von einer Hintereinanderordnung des Streifenmaterials.

[2] Das kann einerseits mit der großen Variationsmöglichkeit der Streifenabschnitte zusammenhängen, aber auch mit der Art der Ausbreitung der Störung bei Kopschs Markierung.

*Zusammenfassung der Materialgeschichte von der Bildung der Chorda-
anlage bis zum Auftreten des Endknopfs* (Abb. 119—122). Die ganze
zweite Hälfte der Versuche sei noch einmal zusammengefaßt und dabei
auf ihr Ausgangsstadium, den Keim mit ausgestalteten Primitivstreifen,
bezogen. Ein der Scheibe entsprechender Ektoderm-, Mesoderm- und
Primitivstreifenbezirk bedeutet das Material für das Neuralorgan, das
mediane und das paramediane Mesoderm. Die Halbkreisfläche vor dem
Primitivknoten bildet den prächordalen Teil des Neuralorgans, das rings
anschließende Ektoderm die Haut des prächordalen Kopfteils, das vordere freie Mesoderm das Vorderkopfmesoderm. Diese Materialbezirke sind
schon vor dem Erscheinen der Chordaanlage annähernd quer geordnet, in
segmentaler Ruhelage. Für keinen der folgenden Körperabschnitte ist
vor dem Erscheinen der Chordaanlage diese quere Endlage des Materials
schon gegeben. Wohl setzt sich der Scheibenbezirk nach hinten fort und
wohl bedeutet er in seinen *seitlichen* Gebieten schon, von vorn nach
hinten gerechnet, auch endgültig hintereinander liegende Teile des Neuralorgans — immer aber nur *Teile*, nicht nur des ganzen Organs, sondern
auch des einzelnen Querschnitts. Mindestens die medianen Teile dieses
Qerschnitts sind noch im „Zentrum" des Primitivstreifens mit enthalten, und sie werden erst „entwickelt", auf ihre quere Länge ausgedehnt in dem Maße, als sich der Primitivstreifen auflöst. Er tut dies, indem sein vorderster Teil, der Knoten, nur medianes Neuralorgan und
medianes Mesoderm (d. h. Chorda) liefert, sein folgendes vorderes Drittel
immer weiter nach außen liegende Längsabschnitte von Neuralorgan und
Mesoderm (Urwirbel), bis schließlich mit der Streifenmitte die Bildungszone für das Neuralorgan, etwas dahinter auch für die Urwirbel abgeschlossen ist und nur mehr Hautektoderm und Seitenmesoderm vom
Zentrum aus entstehen.

Eine Scheibe ohne Chordaanlage enthält in ihren seitlich vom Streifen
liegenden Teilen Außenabschnitte des Neuralorgans bis über die Höhe
des 12. Urwirbels hinaus schon im Zustand des freien Ektodermblattes
der Neuralplatte; während diese Abschnitte durch die Streckung ihrer
medianwärts liegenden Teile und deren Abtrennung vom Mesoderm zu
sekundärem Vorfeld, zu segmental „ruhenden" Urkörpersegmenten werden, schieben sich aus dem Zentrum wieder neue Abschnitte hervor. Sie
sind dann in einem späteren Stadium, in eben derselben Lage wie der
Abschnitt „1.—12. Urwirbel" es zu Anfang war: ihre Seitenteile sind
schon als getrennte Blätter ausgebildet, ihre medianen Teile stecken noch
im Knoten und zum Teil im Streifen. Damit hat der Knoten und der
Primitivstreifen ebenso wie die Scheibe und ihre spätere Form, der Sinus
rhomboidalis, grundsätzlich immer dieselbe Materialbedeutung, die
immer wieder durch dieselbe Verschiebung verwirklicht wird. Was wechselt, ist nur die besondere Bedeutung für einen bestimmten Abschnitt.

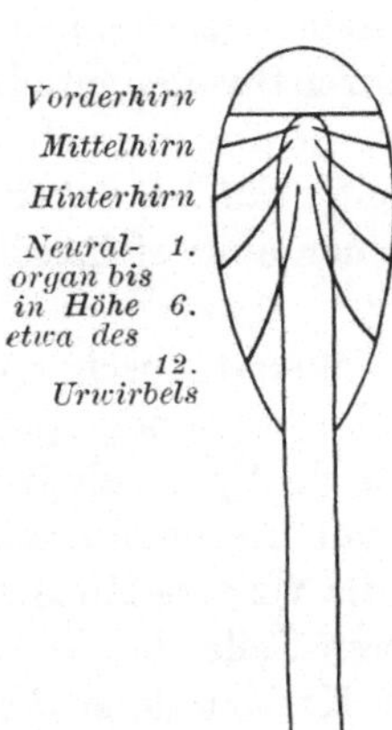

Abb. 119. Siehe Abb. 21. Schema der organbildenden Keimbezirke am ausgestalteten Primitivstreifen.

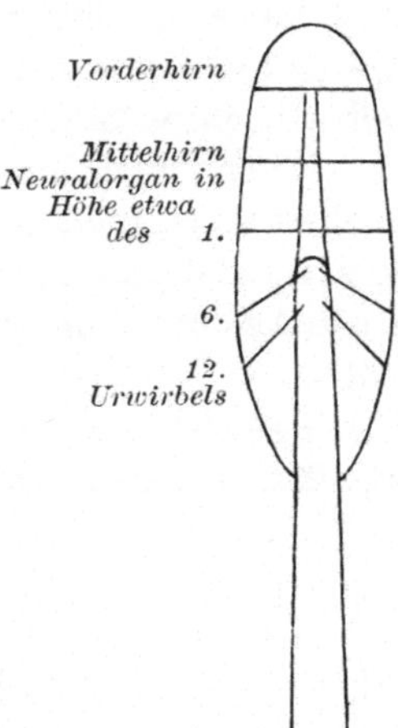

Abb. 120. Siehe Abb. 32. Schema der organbildenden Keimbezirke kurz nach dem Erscheinen der Chordaanlage.

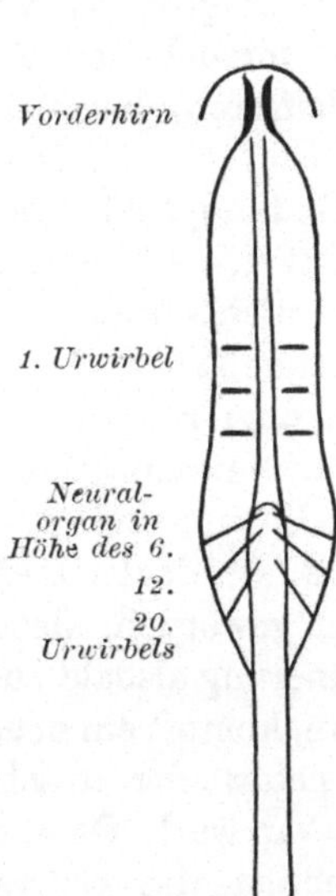

Abb. 121. Siehe Abb. 36. Schema der organbildenden Keimbezirke nach dem Erscheinen der ersten Urwirbel.

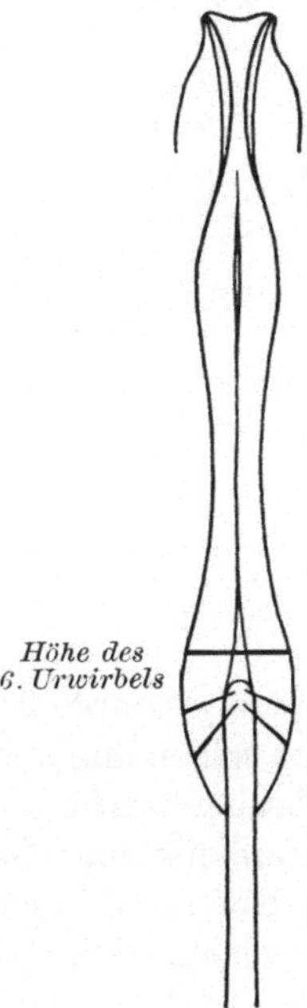

Abb. 122. Schema der organbildenden Keimbezirke nach der Bildung der fünf ersten Urwirbel.

Die Markierung hat es ermöglicht, sowohl diesen Abschnitt für die verschiedenen Stadien wenigstens ungefähr zu bestimmen, als auch die Bildungszone selbst in ihren besonderen Lieferungsbeziehungen kennen zu lernen. Wenn wir von ihnen einmal absehen, den ganzen Streifen mit dem Knoten als Einheit betrachten, so ist er ein Bildungszentrum, das sich mit der Lieferung von Urkörpermaterial fortwährend weiter auflöst, dabei (in allen Teilen gleichzeitig!) immer kleiner wird, immer aber sich selbst homolog bleibt.

Ein grobes Beispiel mag den Vorgang noch einmal anschaulich machen (Abb. 123). Denken wir uns ein Stück Kreide, vorn zugespitzt, als Primitivstreifen, die Spitze als Knoten. Machen wir mit ihr einen breiten Strich [1], so liefert die vordere Mitte der Kreide die mittleren Teile der Strichbreite, die hinteren Kreideteile sind für die seitlichen Teile des Striches verantwortlich. Die Kreide wird immer kleiner, liefert aber immer entsprechende Abschnitte des Striches. Natürlich ist die Zuspitzung schematisch und entspricht nicht der Wirklichkeit, auch das Vorschwenken des Materials läßt sich nicht nachahmen, sonst aber gibt der Vergleich ein Bild des verwickelten Vorgangs der Materiallieferung durch den Primitivstreifen.

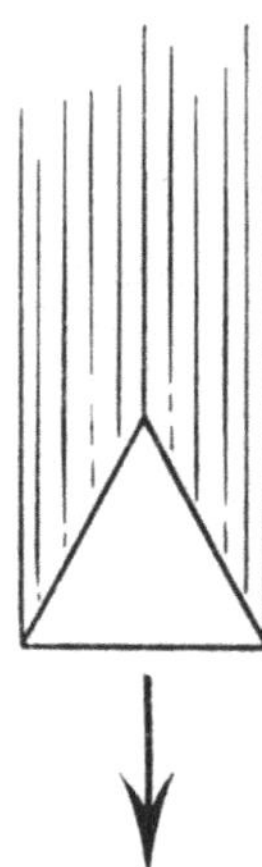

Abb. 123 Schematischer Vergleich der Urkörperbildung mit dem Strich einer vorn zugespitzten Kreide (die so ausgehöhlt ist, daß nur die beiden spitz zulaufenden Vorderkanten die Unterlage berühren): Es werden immer, ganz gleichmäßig, mediane Teile des Kreidestrichs von den vordersten Teilen der Kreide, weiter seitliche Teile des Strichs von immer weiteren hinteren Teilen der Kreide geliefert; die Kreide wird dabei in allen streichenden Teilen gleichmäßig kleiner.

Endknopf. Der Endknopf ist, wie es auch die Rekonstruktionen schon wahrscheinlich machten, nichts anderes als der vordere und mittlere Teil des Primitivstreifens mitsamt dem Knoten. Die Bildungszone für das Neuralorgan und die Organe des medianen und paramedianen Mesoderms ist mit der Lieferung der Kopf- und Rumpfteile dieser Organe kleiner geworden. Jetzt, nachdem eine im selben Maße fortschreitende Verkleinerung alsbald zum gänzlichen Aufbrauch des Stammaterials führen müßte, kommt ein neuer Abschnitt der Entwicklung: Das Material vermehrt sich wieder, so sehr, daß es eben als Endknopf nach außen deutlich sichtbar wird. Ob auch der Endknopf noch eine Gliederung im Sinne der Abschnitte des vorderen

---

[1] Genau genommen muß die Kreide dabei so ausgehöhlt sein, daß nur die beiden spitz zulaufenden Kanten die Unterlage berühren.

Streifenteils besitzt, das lassen Farbversuche nicht mehr entscheiden.
Die alten Marken verblassen ja in ihm größtenteils, und das Relief des
Keimes, vor allem der Schluß des Neuralrohrs, läßt auch eine neue Mar-

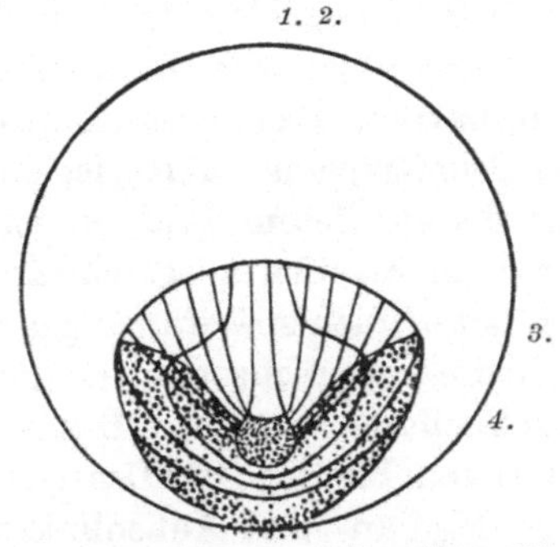

Abb. 124. Siehe Abb. 1, 91. Schematische Rückprojektion der organbildenden Keimbezirke auf
das formlose Keimfeld. Schwarze Segmente siehe
Abb. 119; die numerierten Linien bedeuten Längsbezirke des Embryonalkörpers und gleichzeitig
Querbezirke des ausgestalteten Primitivstreifens.

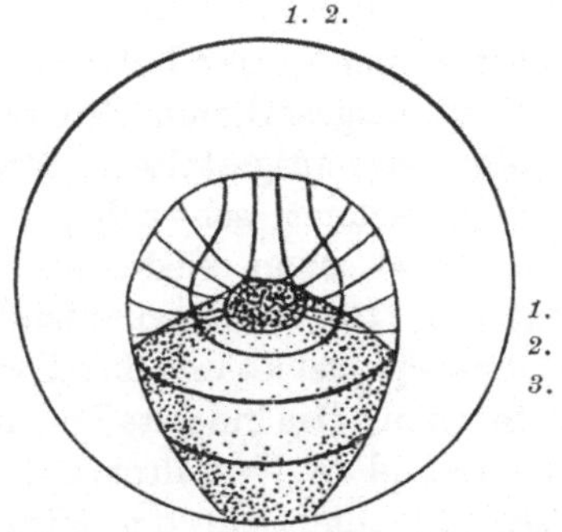

Abb. 125. Siehe Abb. 2, 92. Schematische Rückprojektion der organbildenden Keimbezirke auf
das runde Keimfeld mit Primitivstreifen. Bezeichnungen siehe Abb. 124.

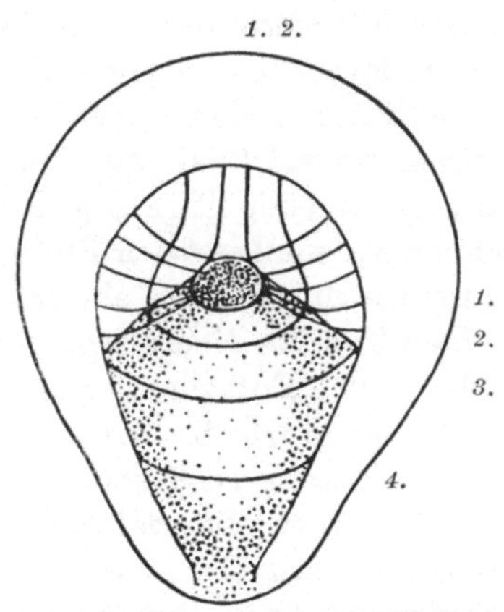

Abb. 126. Siehe Abb. 14, 93. Schematische Rückprojektion der organbildenden Keimbezirke auf
das Keimfeld mit kurzer, hinterer Ausbuchtung.
Bezeichnungen siehe Abb. 124.

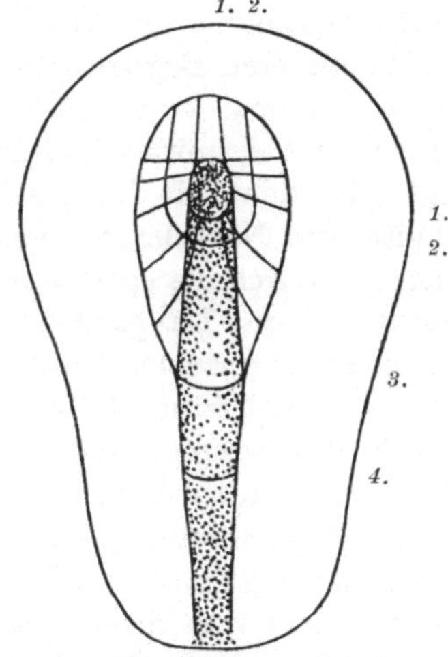

Abb. 127. Siehe Abb. 21, 94, 119. Schema der
organbildenden Keimbezirke am ausgestalteten
Primitivstreifen. Bezeichnungen siehe Abb. 124.

kierung nicht mehr zu. Seine Bildung bedeutet damit nicht nur nach
dem äußeren Bilde des Entwicklungsgeschehens, sondern auch methodisch die gegebene Grenze dieser Untersuchungen.

Rückprojektion der organbildenden Keimbezirke auf früheste Stadien
(Abb. 124—127).

Eine Reihe von vier schematischen Bildern soll als letzte Zusammenfassung und als Rückblick auf die ganze Untersuchung die

organbildenden Bezirke bis in das formlose Keimfeld zurückprojizieren. Gezeichnet ist innerhalb des (ganz weiß gelassenen) Haut- und Amnionfeldes der Bezirk, der der späteren Scheibe und dem ganzen Primitivstreifen entspricht. Das frei ektodermale Scheibengebiet ist von denselben Linien querer Urkörperabschnitte durchzogen, die wir am Keimfeld mit ausgestaltetem Streifen gefunden hatten. Das Material, das im Stadium des ausgestalteten Streifens das Primitivgebiet bildet, ist punktiert gezeichnet; schwach punktiert das bis zu diesem Stadium schätzungsweise schon wieder als Mesoderm vom Streifen ausgeschwärmte Material. Die entgegenlaufenden Linien bezeichnen spätere Längslinien im Urkörpergebiet und ihre Fortsetzung in die entsprechenden Querlinien im Streifen: Das innerste Linienpaar umschließt den medianen Bezirk der Chorda und des Neuralrohrbodens, geliefert vom Knoten (1.). Das nächste Paar (2.) entspricht der Mitte zwischen Median- und Außenlinie des Neuralorgans; diese Außenlinie bezeichnet der Umriß der Scheibe (3.) und eine dritte Querlinie im Streifen. Der vierte Strich im Streifen 4. bedeutet die Grenze zwischen den Bezirken des Urwirbel- und des Seitenplattenmesoderms im Streifen und würde sich ebenso schlingenförmig wie die anderen Begrenzungen als Längslinie des Urkörpers fortsetzen.

Noch einmal wird deutlich, daß nur das Ektoderm des Vorderhirns als ganzer Abschnitt schon im Stadium des formlosen Keimfeldes freiliegt. Es bildet mit den anschließenden seitlichen Teilen folgender Abschnitte des Neuralorgans eine Platte freien Neuralektoderms, die unmittelbar durch die spätere Ausgestaltung in das endgültige Organ umgearbeitet wird. Das ganze übrige Neuralmaterial muß erst den Primitivstreifen als Formzustand und als bestimmten Ort durchlaufen, ehe es endgültig gestaltet wird. Außer für den größten Teil des Neuralorgans gilt dies für das gesamte Mesoderm; die Bilder seiner Entstehung aus dem Ektoderm hatten wir ja im ersten Teil der Arbeit gerade der Bestimmung des Begriffes „Primitivgebiet" (= indifferentes Material) zugrunde gelegt.

Dieser Gegensatz zwischen primär ektodermalem Material und dem anderen, erst vom Streifen ausschwärmenden, schwebte ja wohl auch HOLMDAHL vor als Grundlage seiner Gedanken über „primäre" und „sekundäre Körperentwicklung". So sehr ich im Grunde (Gegensatz der Organisation vor und hinter dem Knoten) ähnlicher Meinung zu sein glaube wie HOLMDAHL, so möchte ich doch gerade diesen Ausdruck der primären und sekundären Körperentwicklung nicht gebrauchen. Vor allem nicht, wenn es „Körper"entwicklung heißen soll; denn unter Körper ist wohl der ganze Querschnitt eines betrachteten Abschnittes zu verstehen. Aber auch das Vorderhirngebiet, der einzige Abschnitt, dessen Neuralektoderm sich „primär" entwickelt, enthält Mesoderm, und dies ist „sekundärer" Herkunft — von allen folgenden Abschnitten des Körpers ganz zu schweigen. So möge allenfalls „primäre" und „sekundäre

Entwicklung" (ohne Körper-) gelten als Gegensatz zwischen dem erwähnten Neuralektoderm (auch einem größeren, hier noch nicht bestimmten Hautektodermgebiet) und dem ganzen Ektoderm- und Mesodermmaterial des übrigen Körpers. Bei HOLMDAHL aber bezieht sich ja die Untersuchung überhaupt erst auf das Endknopfstadium, und er selbst sagt mehrfach, daß er sich für die vorausgehenden Stadien nicht für zuständig erachte. So ist für ihn der Haupteindruck der Gegensatz der offenenSinusentwicklung gegenüber der geschlossenen Endknopfentwicklung, d. h. der Gegensatz zwischen den Stadien, in denen das Neuralmaterial die Zustände „Platte—Rinne—Rohr" durchläuft, und den späteren, die unmittelbar das Rohr entstehen lassen. Wir haben schon öfters diesen Gegensatz für erst in zweiter Linie wichtig angesehen. Schon in der Formgeschichte erschien das Endknopfstadium nur als der folgerechte Endzustand fortschreitender Umbildung an homologer Stelle, die wir auf die Formel gebracht haben: Fortschreiten der Welle besonderer Gestaltung auf alles schon irgend verfügbare *freie* Material, also auch über die $\pm$-Grenze hinaus ins Sinusgebiet. Im materialgeschichtlichen Teil der Arbeit war von diesen Dingen gar nicht mehr die Rede: Die Markierung ließ erkennen, was die Formgeschichte nur hatte ahnen lassen, daß tatsächlich die homologen Stellen des Übergangsgebietes grundsätzlich, d.h. in bezug auf Materialbewegung und -bedeutung, vom Stadium des ausgestalteten Streifens bis zu dem des Endknopfes gleich sind und daß dabei der besondere Gestaltungszustand gar keine Rolle spielt. Da nur *er* es ist, der das erste Endknopfstadium so eindrucksvoll den vorhergehenden Formbildern gegenüber stellt, kann ich auch eben diesen Gegensatz nicht für so wesentlich halten. Später, besonders mit der Bildung von Schwanzknospe und Aftermembran, wird vieles grundsätzlich anders (Cölom!) — der junge Endknopf des hier zuletzt betrachteten Entwicklungsbildes aber zeigt noch ganz die Organisation der vorhergehenden Stadien. Ja, man ist versucht, einmal die Primitivstreifenentwicklung auf die Endknopfentwicklung zu beziehen, anstatt umgekehrt den Endknopf vom Streifen abzuleiten, zu behaupten, der *Primitivstreifen* sei nichts anderes, als ein so *lang gestreckter Endknopf*, daß man einzelne Lieferungsbezirke voneinander unterscheiden kann.

Betrachten wir noch einmal die Bilder der Rückprojektion, so sei auf die Ähnlichkeit mit den Organanlagen beim *Triton* (VOGT, GÖRTTLER) hingewiesen; sie besteht besonders zwischen den Ausgangsstadien, dem *Triton* mit eben beginnender Urmundeinstülpung und dem Hühnchen eben vor dem Erscheinen des Primitivstreifens. Die hauptsächlichen Gegensätze der beiderseitigen Entwicklung beruhen auf der Art der Mesodermbildung (siehe vor allem das „Einstülpungsfeld" [Urmundfeld] in der letzten Bilderreihe!) und, damit zusammenhängend, in der viel größeren Rolle, die beim Huhn der Formzustand der indifferenten Wucherungszone spielt. Trotz solchen Unterschieden zeigt der vorerst nur flüchtige Streifblick auf die Urodelen, daß die bisher nur formalen Möglichkeiten der vergleichenden Betrachtung mit der Erforschung der Materialgeschichte erweitert werden und daß erst jetzt das *eigentlich* Gemeinsame des Verglichenen deutlich wurde: z. B. Mesodermbildung aus Ektoderm, das nach der Mittellinie zusammenströmt.

Gerade dieses letzte Wort legt es nahe, noch auf die theoretischen Vorstellungen kürzer oder länger verflossener Zeiten einzugehen, die in Begriffen wie z. B. Konkreszenz und Gastrulation ihren Ausdruck fanden. Ich will aber eine solche Erörterung — wenn nicht ganz umgehen, so doch verschieben. Jene Begriffe erwuchsen auf den Vorstellungen, die der jeweilige Stand der Forschung zuließ, und diese Forschung muß den immer weiter geführten Unterbau für den Dachstuhl der Theorien bilden.

Ob die hier abgesteckten Linien — dafür nur halte ich meine bisherigen Ergebnisse — sich als richtig erweisen oder nicht — sicher ist doch, daß im Unterstock gearbeitet werden muß und gearbeitet wird. Und so mögen die Dachdecker warten, bis die Maurer wieder einmal ein Stück weiter gekommen sind.

Ergebnisse[1].

Vergleiche dazu die Abb. 91—94 und 120—127.

1. Das Material für den weitaus größten Teil des Körpers kommt irgend einmal aus dem Primitivstreifen.

2. Nur Haut- und Neuralektoderm des prächordalen Kopfes, Haut- und seitliches Neural(rinnen)ektoderm des anschließenden Kopf- und Halsgebietes bilden sich unmittelbar aus dem freien Ektoderm.

3. Der erste Querschnitt vor dem Primitivstreifen bezeichnet den Ort, an dem die typisch geordneten Anlagen der Organsysteme als Material getrennt sind und ihre besondere Ordnungsbewegung fast ganz abgeschlossen haben (Urkörper).

4. Der Primitivstreifen löst sich mit der Urkörperbildung, also vom Erscheinen der Chordaanlage ab, auf; das Wesentliche der Urkörperbildung ist Lieferung von formal abgegrenzten Anlagen der Ektoderm- und Mesodermorgane durch den Primitivstreifen.

5. Der Primitivstreifen löst sich in allen seinen Abschnitten auf (nicht ganz gleichmäßig: in den vorderen etwas früher und rascher als in den mittleren und hinteren).

6. Der vorderste Bezirk des Streifens liefert die mittelsten des Urkörpers (Chorda, Boden der Neuralrinne); je weiter hinten die Teile des Streifens liegen, desto weiter seitliche Urkörperteile bilden sie.

---

[1] Begriffsbestimmung der formalen Bezeichnungen siehe S. 245.

7. Die Lieferungszone für das Neuralorgan ist vor der Streifenmitte abgeschlossen, die für die Urwirbel etwas weiter hinten; darauf folgt die Seitenplatten- (und Hautektoderm-)zone und ein letzter Abschnitt, der auch formal seinen Streifencharakter verliert und sich nicht an der Körperbildung beteiligt.

8. Der Verschiedenheit der Lieferungsgebiete des Streifens entsprechen Verschiedenheiten seiner Form, die sich spätestens schon vor dem Erscheinen der Chordaanlage ausprägen und in grundsätzlich gleicher Weise bis nach der Bildung des Endknopfs bestehen bleiben.

9. Längsabschnitte des Urkörpers entsprechen Querabschnitten des Primitivstreifens.

10. Urkörper wie Primitivgebiet sind, jedes für sich, bis zur Bildung des Endknopfs nach Form und Materialbewegung immer gleichwertig; was sich ändert, ist nur die Zahl der schon auf der Urkörper- und der noch auf der Primitivseite liegenden Querabschnitte des Körpers.

11. Dem materialgeschichtlichen Übergang zwischen der Gliederung des Urkörpers (von median nach seitlich) und der des Primitivstreifens (von vorn nach hinten) entspricht formal der Zusammenhang der Chorda und des Neuralbodens mit dem Knoten, sowie die bogenförmige Fortsetzung des Neuralektoderms und des Urwirbelmesoderms durch den Sinus in den vorder-mittleren, der Seitenplatten in den hinteren Teil des Streifens.

12. Im Neuralorgan entspricht die vom Verbindungsbogen zwischen den beiderlei Gliederungen umgrenzte Fläche Abschnitten, die in ihren Seitenteilen schon frei aus dem Streifen herausentwickelt, in ihren Mittelteilen aber noch in ihm einbegriffen sind.

13. Die Streckung der Mittelteile durch Auflösung des vordersten Streifenteils (des Primitivknotens) ergänzt (von oben gesehen) die Schnitzform des unvollkommenen Primitivabschnittes zu der Rechteckform des vollständigen, typischen Urkörperabschnittes.

14. Ursprüngliches Scheibenektoderm des Primitivgebietes und später aus dem Streifen geliefertes Scheiben- und Sinusektoderm verhalten sich in Form und Bewegung grundsätzlich gleich.

15. Der Endknopf entspricht in Form und Material dem vorderen und dem mittleren Teil des Primitivstreifens, also dem Lieferungsgebiet für die Chorda, das Neuralorgan und die Urwirbel.

16. Zum Endknopfstadium führt in allmählichem Übergang die Fortentwicklung von Formen und Vorgängen, die in gleicher Weise schon zu Beginn der Chordabildung bestehen und ablaufen.

17. Grundlegend verändert ist mit der Endknopfbildung nur die Art der Entstehung der Leibeshöhle (Cölomtaschen, HOLMDAHL), da das bisherige Bildungszentrum für die Seitenplatten erschöpft ist und anderweitig verwendet wird (Aftermembran).

18. Der Primitivstreifen ist vom Erscheinen der Chordaanlage ab eine Form, die in allen Teilen an ein bestimmtes, wenn auch sich fortwährend verringerndes Material gebunden ist; die Materialbewegungen, die zu seiner Entstehung führen, sind um die Zeit der ersten Chordabildung fast ganz abgelaufen.

19. Der Primitivstreifen entsteht in seiner ersten Form durch Streckung des hintersten medianen Materials im formlosen Keimfeld.

20. Das in der Stoßrichtung liegende Ektoderm des formlosen Keimfeldes verschiebt sich nach vorn und nach der Seite, das hinter-seitliche Ektoderm schließt sich dem Vormarsch an.

21. Das außerhalb der „Stoß"- und der „Zug"richtung[1] liegende seitlich-mittlere Ektoderm schiebt sich, im Anschluß an die beiden anderen Bewegungen, auf den Streifen zu, später zwischen Knoten und hinterstem Teil fortlaufend in ihn hinein (Mesodermbildung).

22. Durch Verlängerung der hintersten Abschnitte entsteht die erste hintere Ausbuchtung, durch Verlängerung auch der mittleren Abschnitte die weitere Vergrößerung von Keimfeld und Streifen.

23. Nur im mittleren Teil des Streifens dauert der Ektodermeinmarsch noch während der ersten Bildung von Chordaanlage fort; im übrigen sind Urkörperbildung und Primitiventwicklung durch eine Ruhepause zwischen den beiden Zeiten gänzlich verschiedener Materialbewegungen getrennt (Stadium des ausgestalteten Streifens ohne Chordaanlage).

24. Die Scheibe ursprünglichen, bleibenden Neuralektoderms, die am ausgestalteten Streifen seine vordere Hälfte umgibt, liegt im formlosen Keimfeld dicht vor dem Vorderende des Streifenbezirks. Ihre hier noch spitz nach beiden Seiten auslaufenden Flügel schwenken im Rahmen der Ektodermverschiebungen während der Entstehung und Ausgestaltung des Streifens auf seine Mitte zu; alles zwischenliegende Ektoderm wird eingeschluckt.

25. Die Scheibe des ursprünglichen Neuralektoderms umfaßt das ganze Vorderhirn und immer weiter seitliche Teile von Mittel-, Hinterhirn und Halsmark.

26. Die hauptsächliche Mesodermbildung beginnt erst, nachdem der Ektodermeinmarsch in den Streifen schon fast zur Ruhe gekommen ist.

27. Vor dem Erscheinen der Chordaanlage ist der Primitivstreifen — mit Ausnahme des Knotens und des hintersten Teils — keine materialgebundene Form, sondern ein Zustand.

Thesen.

28. Vom Beginn der Chordabildung an ist der größere, vordere Teil des Primitivstreifens ein langgestreckter Endknopf.

---

[1] Nur bildlich zu verstehende Ausdrücke!

29. Urmund und Primitivstreifen sind vor allem kinematisch vergleichbar.

30. Die Urkörperbildung bedeutet bei höheren Wirbeltieren formal die Abgrenzung der Materialien für die Elemente des typischen Querschnitts; kinematisch ihre segmentale, grundrißmäßige Ruhelage; methodisch die Möglichkeit, Materialgeschichte auf formgeschichtlichen Wegen zu verfolgen; allgemein bezeichnet sie den Beginn der Entwicklungsperiode weitgehender Ähnlichkeit aller Wirbeltierembryonen, die zwischen die vorhergehende Periode der großen, historisch wie funktionell an die erste Ernährung geknüpften Verschiedenheiten und die folgende Zeit der sich ausbildenden Klassen-, Ordnungs-, Familien-, Art- und Individualunterschiede eingeschaltet ist.

31. Bildung und weitere Gestaltung von Urkörper sind grundlegend verschiedene, auch in der Ablaufsgeschwindigkeit ungleiche Vorgänge, die erst im Laufe der späteren Rumpf-Schwanzknospenentwicklung vereinigt werden, wenn die Ausgestaltung die Urkörperbildung eingeholt bzw. überholt hat.

32. Die vorher getrennten Ausgangsorte beider Vorgänge können nicht auf einer Ebene als zwei Wachstumszentren [1] bezeichnet werden; der Primitivstreifen ist die Quelle für das Urkörpermaterial, das vordere Körperende dagegen der Ausgangsort von Gestaltungswellen. Gesteigerter Stoffwechsel an beiden Orten (HYMAN) ist selbstverständlich und ändert an der Verschiedenheit beider Vorgänge nichts.

33. Vorgänge des Stoffwechsels können feinste Anzeiger für solche der Gestaltung sein (Neuralrohrschluß).

34. Der wichtigste Schritt in der Umbildung von Urkörper in den Zustand des fertigen Körpers ist die Verbindung seiner Grundbestandteile durch das Mesenchym.

35. Form und Bildung von Urkörper sind im Bereich des späteren Kopfes nicht anders als im anschließenden Hals- und Rumpfgebiet; „Kopf" ist Sache der Ausgestaltung, besonders auch des Mesenchyms.

36. Das Blut- und Gefäßsystem ist formal und biologisch gegenüber der Urkörperentwicklung verhältnismäßig selbständig; zu seiner ersten Entwicklung braucht es das Mesoderm des Primitivstreifens.

37. Der Ektodermeinmarsch in den Primitivstreifen klingt an einen Grundgedanken der Konkreszenztheorie an: die Verschmelzung seitlicher Anlagen zu einer medianen. Die Bedeutung dieses Vorgangs ist aber ganz anders, als jene Theorie es ausdrückte; die Konkreszenztheorie gehört zu den Hilfsgedanken, die ihren Dienst getan haben und nur mehr von historischem Interesse sind.

---

[1] Der Ausdruck „Wachstumszentrum", unter dem so sehr Verschiedenes verstanden wurde, wird überhaupt besser vermieden.

38. Phylogenetische Ableitungen können nie den Rang einer Autorität gegenüber sachlichen Befunden beanspruchen; Phylogenie als Idee wirklicher Abstammung bestimmter Formen voneinander hat überhaupt aus Gründen des reinlichen Denkens mit der Entwicklungsgeschichte, auch mit der vergleichenden, nichts zu tun. Der Gedanke einer Änderung der Lebewelt wird durch diese Ablehnung nicht berührt, noch bestritten, daß die Entwicklungsgeschichte Spuren solcher Änderung erkennen läßt.

39. Formgeschichte beschreibt den äußeren Ablauf eines Geschehens, Materialgeschichte bezeichnet darüber hinaus die Beteiligung willkürlich bestimmter Einheiten an diesem Geschehen; die Materialgeschichte ist somit inhaltlich etwas Neues und Anderes, ist mehr als die Formgeschichte und vielfach nur mit besonderen Methoden festzustellen.

Dank schulde ich meinem alten Lehrer Braus, der mir zu dieser Arbeit den Anstoß gab;

Petersen, meinem Chef, dessen Vertrauen mir die Möglichkeit bot, sie weiter zu führen;

Vogt, der den Geist der Materialgeschichtserforschung an seiner alten Arbeitsstelle geweckt hatte und die Agarmethode erfand;

Goerttler, der sie mir zeigte;

cand. med. Apitz, der mir bei den normalen Durchbeobachtungen half;

der Gesellschaft zur Förderung der Wissenschaften in Würzburg, die mir das Geld zum Photographieren gab.

Literatur.

von Baer, K. E.: Über Entwicklungsgeschichte der Tiere. Beobachtung und Reflexion. I. Teil. 1828. — Duval: Atlas d'Embryologie 1889. — Gasser: Beiträge zur Kenntnis der Vogelkeimscheibe. Arch. f. Anat. u. Entw.gesch. 1882. — Gräper: Untersuchungen über die Herzbildung der Vögel. Arch. Entw.mechan. 24 (1907). — Beobachtungen von Wachstumsvorgängen usw. Ebenda 33 (1912). — Die frühe Entwicklung des Hühnchens nach Kinoaufnahmen usw. Verh. anat. Ges. Freiburg 1926. — Zur Schwanzknospen- und Primitiventwicklung des Hühnchens. Anat. Anz. 62 (1926/27). — Goerttler: Die Formbildung der Medullaranlage bei den Urodelen. Roux' Arch. 106 (1925). — Hahn, Hermann: Experimentelle Studien über die Entstehung des Blutes und der ersten Gefäße beim Hühnchen. Arch. Entw.mechan. 27 (1909). — Hertwig, Oskar: Die Lehre von den Keimblättern. In: Handbuch der vergl. u. exper. Entwicklungslehre 1, 1, I (1906). — His: Unsere Körperform 1874. — Hoadley: The in situ development of sectioned chick blastoderms. Archives de Biologie 36 (1926). — Holmdahl: Die erste Entwicklung des Körpers bei den Vögeln und Säugetieren inkl. des Menschen. Morph. Jb. 54, 2 (1925); 55, 1 (1926). — Experimentelle Untersuchungen über die Lage der Grenze zwischen primärer und sekundärer Körperentwicklung beim Huhn. Anat.

Anz. **59** (1925). — Über die Entstehung der kaudalen Körperpartien. Ebenda **62** (1926/27). — **Hyman:** The metabolic Gradients of Vertebrate embryos. III. The Chick Biol. Bulletin **52** (1927). — **Kopsch:** Über die Bedeutung des Primitivstreifens beim Hühnerembryo usw. Internat. Mschr. Anat. u. Physiol. **19** (1902). — Die Lage des Primitivstreifens im Hühnerei. Z. mikrosk.-anat. Forschg 8 (1926). — Primitivstreifen und organbildende Keimbezirke beim Hühnchen. Ebenda 8 (1926). — Örtliche Vitalfärbung bei *Scyllium*-Embryonen. Ebenda **10** (1927). — **Kupffer:** Die Gastrulation der meroblastischen Eier der Wirbeltiere und die Bedeutung des Primitivstreifens. Arch. f. Anat. u. Physiol. (1882—84). — **Novak:** Neue Untersuchungen über die Bildung der beiden primären Keimblätter und die Entstehung des Primitivstreifens beim Hühnchen. Diss., Berlin 1902. — **Peebles:** Some experiments on the primitive streak of the chick. Arch. Entw.mechan. 7 [1898].) — **Petersen:** Histologie und mikroskopische Anatomie. II. Abschnitt. — **Rabl, C.:** Entenkeimscheiben. Morph. Jb. **52** (1923) (1916).— (Theorie des Mesoderms. Ebenda **15**, 2 [1889].) — **Rückert:** Die Entstehung der Gefäße und des Blutes bei den Wirbeltieren. In: Handbuch der vergl. u. exper. Entwicklungslehre der Wirbeltiere 1, 1, II (1906). — **Schauinsland:** Beiträge zur Entwicklungsgeschichte und Anatomie der Wirbeltiere. I, II, III. Zoologica 1903. — **Vogt:** Gestaltungsanalyse am Amphibienkeim mit örtlicher Vitalfärbung. Roux' Arch. **106** (1925). — Mesodermbildung bei Amphibien. Verh. anat. Ges. Wien 1925. — Über Wachstum und Gestaltungsbewegungen am hinteren Körperende der Amphibien. Ebenda. Freiburg 1926. — **Wetzel:** Über den Primitivknoten des Hühnchens. Verh. physik.-med. Ges. Würzburg 1924. — Untersuchungen am Hühnerkeim. Roux' Arch. **106** (1925). — Untersuchungen am Hühnerkeim. Verh. anat. Ges. Wien 1925. — „Wachstumszentren" und „Kopfproblem" in der ersten Entwicklung des Huhns. Ebenda Freiburg 1926.